HOW IT WORKS

最先端ビジュアル百科

「モノ」の仕組み図鑑 9

軍事マシーン

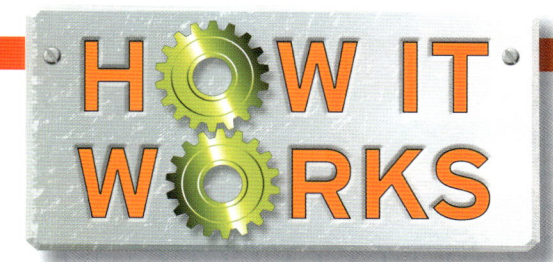

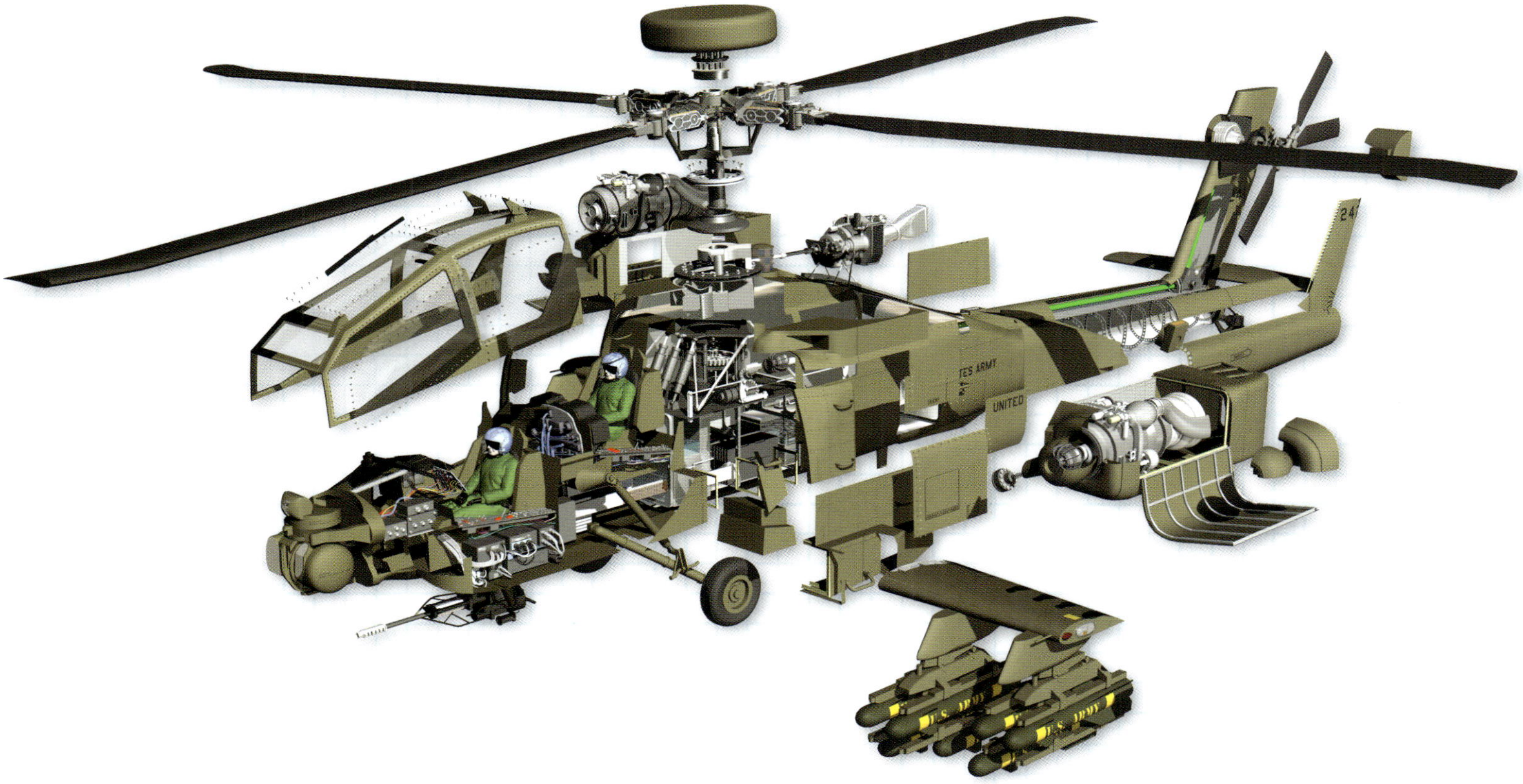

ゆまに書房

ACKNOWLEDGEMENTS

All panel artworks by Rocket Design
The publishers would like to thank the following sources for the use of their photographs:
Alamy: 5(c) Purestock; 28 Peter Jordan; 31 vario images GmbH & Co.KG
Corbis: 4(t) Bettmann; 4 (b) Corbis; 12 Jeon Heon-Kyun/epa; 21 Shawn Thew/epa; 24 Pawel Supernak/epa
Getty Images: 11, 16, 18 Time & Life Pictures; 33 Getty Images
Photolibrary: 7 Larry McManus; 22 Philip Wallick; 34 US. Navy
Rex Features: 5(c); 9; 15 Greg Mathieson
All other photographs are from Miles Kelly Archives

HOW IT WORKS : Military Machines

Copyright©Miles Kelly Publishing Ltd

Japanese translation rights arranged with Miles Kelly Publishing Ltd

through Japan UNI Agency, Inc., Tokyo

もくじ

はじめに …………………………………4

M3M 50口径機関銃 ………………6

トマホークとグラニートミサイル ………8

M2 ブラッドリー歩兵戦闘車 …………10

M270 ロケットランチャー ……………12

M1 エイブラムス戦車 …………………14

AH-64 アパッチヘリコプター ………16

A-10 サンダーボルトⅡ ………………18

V-22 オスプレイティルトローター ……20

F-22 ラプター …………………………22

E-3 セントリー AWACS ………………24

B-52 ストラトフォートレス ……………26

アヴェンジャー級掃海艦 ………………28

45型駆逐艦 ……………………………30

212A型潜水艦 …………………………32

ニミッツ級超大型空母 …………………34

用語解説 ………………………………36

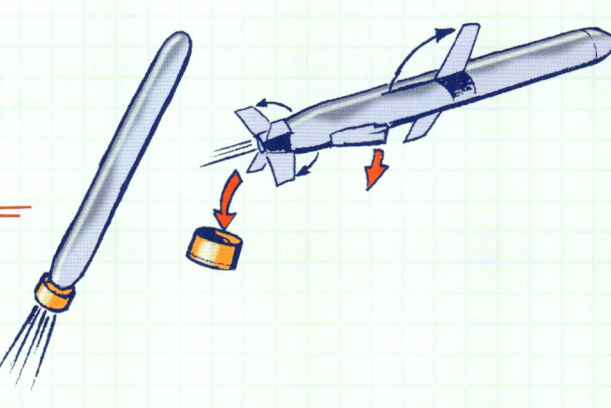
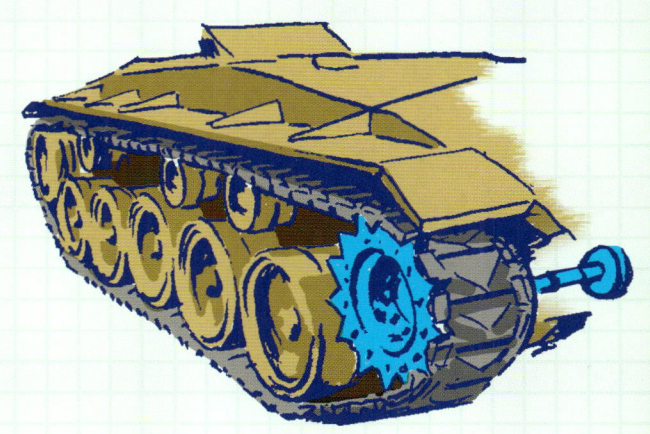
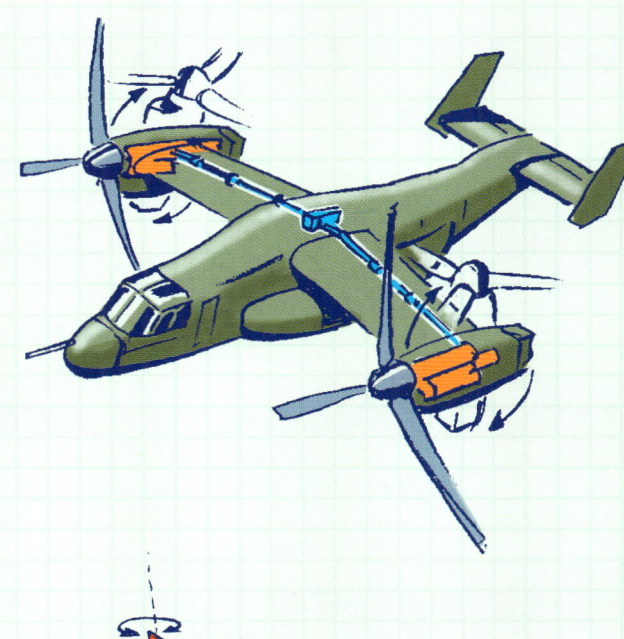
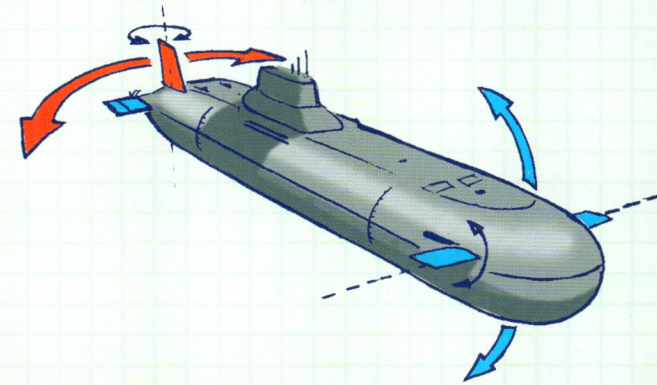

はじめに

歴史が記録されるようになって以来、人々はたがいに戦争をくりかえしてきた。あるものは権力や支配力を手に入れるために、またあるものはただ自分の国や人々を守りたいと望んで。戦争の結果はたいてい軍事技術に左右される。いつの時代も勝負を決めるのは、火薬、大砲、戦車、潜水艦、爆撃機、ミサイルなどの新しい発明だった。兵器の開発からは、よりあたたかい服や最新の電子機器といった、ふだんの生活に役立つものも生まれている。

ローマ人は、最新の包囲攻撃兵器や投石機を使って、たくさんの国々を征服した。

ヨー（左右の動き）
潜水艦は、縦舵とよばれる垂直の操舵面で左右の舵をとる
ピッチ（上下の動き）
艦尾（艦の後ろ）潜舵
潜水艦は、潜舵とよばれる水平の操舵面で上下の舵をとる
艦首（艦のへさき）潜舵

潜水艦はこっそり動くので、「シークレットサービス」とよばれていたんだ。

戦いの始まり

軍事マシーンはそれぞれの時代の最新技術から生まれ、それを最大限まで活用したものだ。古代の最初の武器は、あたりまえだけど木や石だった。鉄器時代にはより重いハンマーやするどい刃が登場した。古代ギリシャのアルキメデスが発明したてこの原理で動く巨大なクレーンは、敵の船をつかみ、ゆさぶってこなごなにした。中世の科学者は、がんじょうな城壁を打ちやぶる鉄のハンマーなどを考えだした。

2つの世界大戦

1914年に第1次世界大戦が始まった。当時の車、トラック、そして飛行機はよく故障していた。けれども第1次世界大戦が終わる1918年ころには、強力な戦車、鉄道の貨車にのせられた大型の銃、オフロード車、そして戦闘機や爆撃機などの多くの種類の飛行機が生まれていた。最強の兵器は軍艦だった。それから20年あまり後の第2次世界大戦（1939～1945年）では、陸、海、空の大規模な部隊の力を合わせた攻撃がおこなわれた。

アメリカの空母エンタープライズの上空を飛ぶ、ダグラス ドーントレス急降下爆撃機。攻撃準備をととのえ、第2次世界大戦の勝敗をわけた戦いへとむかう。

>>> 軍事マシーン

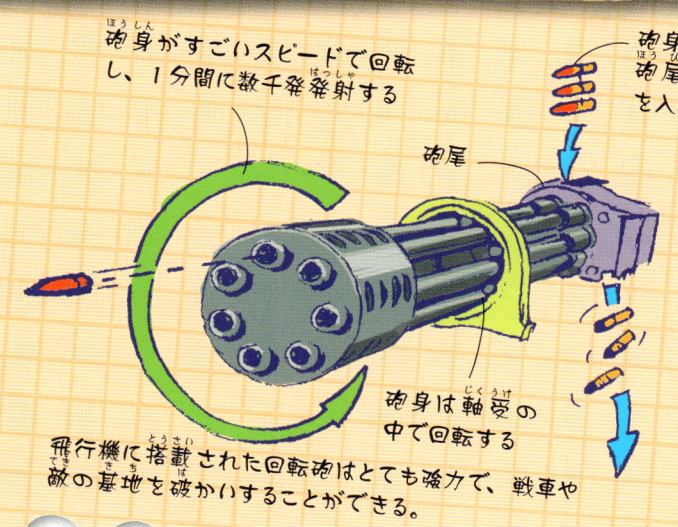

砲身がすごいスピードで回転し、1分間に数千発発射する
砲身の後ろの砲尾に、砲弾を入れる
砲尾
砲身は軸受の中で回転する
飛行機に搭載された回転砲はとても強力で、戦車や敵の基地を破かいすることができる。

トップガン

1950年代には、空軍が本来の力をはっきするようになった。長距離爆撃機1機で、ひとつの国全体を完全に破かいできるほどの核兵器を運ぶことができた。散弾銃をのせた戦闘機は爆撃機を守り、ていさつ（スパイ）機は先に出発してルート上に敵がいないかどうかを確認した。陸上では戦車の速度がまし、装甲（機械や乗り物などを衝撃から守るためにつける部品）が進歩した。するとそれを打ちくだくために、さらに大きくてもっと威力のある大砲が発明された。船が発射するミサイルが最初に登場したのもこのころで、無人の機械が人間にとってかわるようになった。

見えない敵と戦う

近年ではもう、強さを見せつけることが戦いに勝つことではなくなっている。むしろ、まったく見えないほうが勝利するんだ。最近の主流はステルス技術。航空機、艦艇、陸上の部隊は、敵のレーダー、赤外線誘導式ミサイル、マイクロ波信号に見つからないようにしなければならない。そのためにはたくさんの爆弾ではなく、さまざまな電子装置を使う必要がある。この先も軍事力は進化していくだろう。さて、兵器開発競争の次の目玉は、いったいどんなものになるだろう？

強力なミサイル発射能力をもつ船。世界中どこにでもすばやくいける。

アフガニスタンのヘルマンド州でおきた紛争を監視する、重装備のランドローバー。

兵器がどれだけふくざつになっても、攻撃と防ぎょの方法やタイミングを決めるのは、結局人間だということに変わりはない。

5

M3M 50口径機関銃

ブローニングM3Mは、ジョン・ブローニングが開発した定評のあるM2.50口径重機関銃の現代の改良機だ。M2は90年以上前、第1次世界大戦（1914～1918年）後に使われ始めた。M2は世界中の軍隊で使用され、これをモデルにしてその後多くの改良型連射銃がつくられた。M3Mは毎分1000発もの弾を発射するんだ。

へえ、そうなんだ！

ジョン・ブローニング（1855～1926年）が金属スクラップを集めてライフルをつくったのは、まだ子どものころだった。彼の自動小銃（発射後の弾の装てんが、すばやく自動でおこなわれる銃）のアイデアは、当時の手回しクランク式のガトリング砲から生まれたものだったんだ（P18も見てみよう）。

この先どうなるの？

実験の結果、強力なレーザー「光線銃」は、弾薬を500メートル先で爆発させるエネルギーをもつ可能性があることがわかっている。

照門（リアサイト） / コッキングハンドル / 照星（フロントサイト） / スペードグリップ / 使用ずみのカートリッジ

リコイル機構 弾丸が発射されるときの「キック」（反動）エネルギーによって、使用ずみのからの薬きょうを外にだし、次のカートリッジを装てんして発射の準備をする仕組み。

✳ 弾丸が発射される仕組み

弾丸は一般に金属のかたまりかプラスチックで、標的に衝突して損傷をあたえる（砲弾も似ているが、砲弾には目標物にぶつかったときに爆発する火薬がふくまれている）。機関銃の弾丸はふつう、薬きょう、火薬、雷管（起爆点火装置）とともに、カートリッジとよばれる部分におさめられている。雷管は少しの火薬で、撃針（雷管に衝撃を与えるもの）がぶつかるとすぐに発火する。すると主発射薬が爆発し、弾丸が薬きょうから外れ、銃身を通って発射されるんだ。

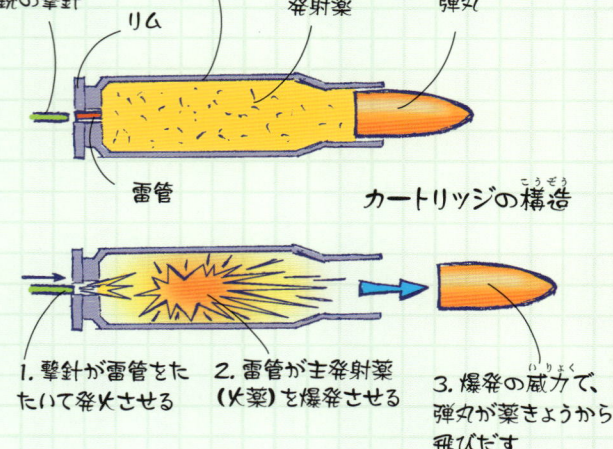

カートリッジの構造 — 銃の撃針 / リム / 雷管 / 薬きょう / 発射薬 / 弾丸

1. 撃針が雷管をたたいて発火させる
2. 雷管が主発射薬（火薬）を爆発させる
3. 爆発の威力で、弾丸が薬きょうから飛びだす

銃架 金属製のピンで銃をU字型のブラケットにとりつけると、銃を上下にかたむけられる。ブラケットの下にある円筒型の土台を、三脚や乗りものについているブラケットの穴に差しこむと、銃を回転させることができる。こうした部分の集合体を、銃架というんだ。

>>> 軍事マシーン

ブローニングM2は、アメリカ軍でも長く使用されている武器だ。軍隊では「メドゥーサ」というニックネームでよばれているよ。

より長時間射撃ができる、水冷式の中機関銃や重機関銃もある。冷やさないと、銃は過熱して「クックオフ」する、つまり引きがねを引いていないのに爆発する可能性があるんだ。

M3Mは、コードネーム（仲間だけがわかる別名）GAU-21として、主にアメリカ海軍のヘリコプターで使用するために開発された。今ではハンヴィージープや装甲車から戦車やていさつ機など、他の車両や航空機にも配備されている。

銃身のサーマルカバー 内部で連続して爆発がおきている機関銃はとても熱くなるので、いっきに発射できる時間がかぎられてしまうことがある。サーマルカバーとよばれる銃身の放熱器のようなさまざまな金属部品で、その熱をできるだけ空気中に発散させる。

銃身 ほとんどの銃には、銃身の内部にライフリングとよばれるらせん状のみぞがついている。このみぞにそって弾丸が回転し、発射される。そのためジャイロ効果（自転によりものが安定すること）によって、空中で弾丸をかなりまっすぐ飛ばすことができるんだ。

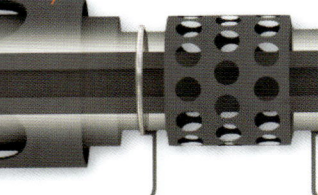

M3Mの有効射程距離（弾丸が到達し、さらに損傷をあたえることができる範囲）は、約2000メートル。

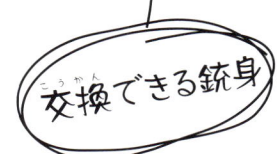

交換できる銃身

50口径、または「50キャル」は、銃身の内径（口径）が半（0.5）インチという意味なんだ。メートル法であらわすと12.7口径（12.7ミリメートル）だけど、このひびきはあまりかっこよくない。

銃口 弾丸が銃身の先、つまり銃口からでる時点の速度は、爆発する弾薬によってことなる。M2やM3には、秒速800メートル以上をだせるモデルもある。

M3Mは2001年に試験が開始され、2004年に全面的に使用されるようになった。全長152センチメートル、重さ36キログラム。銃身の長さは91センチメートルで、中にある8本のライフリングみぞの長さは80センチメートルある。

F-86セイバーは、M2を搭載した多くの航空機のひとつだった。

✳ 航空機の射撃能力

ブローニングM2の100をこえるモデルが、50以上の戦争や大きな紛争で使用されてきた。最も高度に改良されたものの一部は、戦闘機や爆撃機に搭載された。1950年代のアメリカのF-86セイバーは、機体の前方約300メートルの一地点に徹甲弾（装甲に穴をあけるための砲弾）を集中させるような角度で、6丁のAN/M3銃をとりつけていた。6発目ごとの弾丸は明るく光る曳光弾（光を出して弾道がわかるようにした弾丸）で、パイロットは弾の流れを確認して、ねらいを定めることができたんだ。

7

トマホークとグラニートミサイル

誘導ミサイルとは、基本的にはある種の誘導装置、または地上管制からの誘導によって自力で飛行する爆弾のことだ。アメリカのトマホークは、船や潜水艦から発射し、最大2500キロメートル先にある標的の数メートル以内に落とすことができる。もっと大型のロシアのグラニートも同じく海上発射ミサイルだけど、ずっとスピードが速いため、到達範囲は1000キロメートル以内にかぎられているんだ。

へえ、そうなんだ！

第2次世界大戦（1939～1945年）で使われたV-1飛行爆弾は、その耳ざわりな音から「ブンブン爆弾」とか「ドゥードゥルバグ」ともよばれていて、事実上、初期の巡航ミサイルの一種だったんだ。飛行機と同じように小さい2つのつばさと尾翼がついていて、尾翼の上にパルスジェットエンジンが搭載されていたよ。

この先どうなるの？

GPS（衛星ナビゲーション）装置にも改良が進めば、将来は数センチメートルの正確さでミサイルを誘導することができるかもしれないね。

トマホークは1983年に任務につき、今もなお待機している。

兵器 さまざまな種類の小型爆弾などの兵器を、最大24個のそなえつけの容器に入れて運ぶことができる。

トマホークミサイル

ノーズコーン

ジャイロ

レーダーと誘導 各種レーダーがまわりの状況を感知して、ミサイルの舵をとる。

外殻

✳ 巡航ミサイルはどうやって飛ぶの？

誘導巡航ミサイルの「巡航」とは、上昇させ方向をコントロールする小さなつばさまたはフィンを使い、ジェットエンジンによって、ミサイルが自力で飛行する段階のことをいう。巡航ミサイルは発射されると標的にむかって進んでいくが、内蔵のコンピューター誘導、あるいは地下制御によって、敵の飛行機の対ミサイル用ミサイルなどの危険をさけるため、回り道をする場合もあるんだよ。

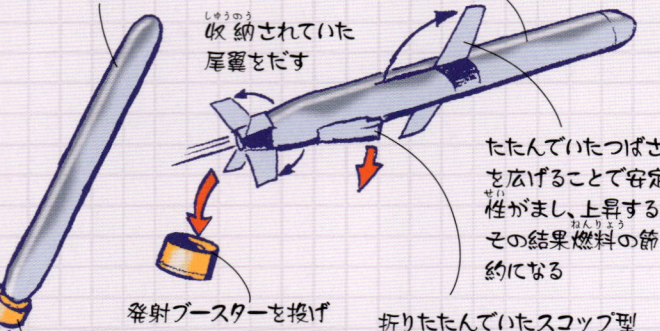

第1段階 ミサイルが発射チューブから飛びたつ
収納されていた尾翼をだす
発射ブースターを投げすてる（外れて落ちる）
ロケットブースター、または圧縮空気を使って発射する

第2段階 ミサイルは飛行機のように「飛ぶ」ために形を変える
たたんでいたつばさを広げることで安定性がまし、上昇する。その結果燃料の節約になる
折りたたんでいたスコップ型の空気吸入口をだす

トマホークは全長5.6メートル、重量は約1.5トンある。このミサイルの飛行速度は亜音速、つまり音の速度よりも遅く、およそ時速880キロメートル。

8

>>> 軍事マシーン <<<

旧型のトマホークは一定の速度で飛んでいたが、改良型には速度を速くしたり遅くしたりするためのスロットルがついているんだ。

フィン

全長10メートル、重さ7トンのグラニートは超音速で飛び、時速4000キロメートル以上に達するんだ。

エンジン

グラニートミサイル

水平尾翼

後退翼

吸気口 発射のときは収納されていたスコップのようなかたちの吸気口を本体からパタンと開き、ターボジェットエンジンのための空気をすいこむ。

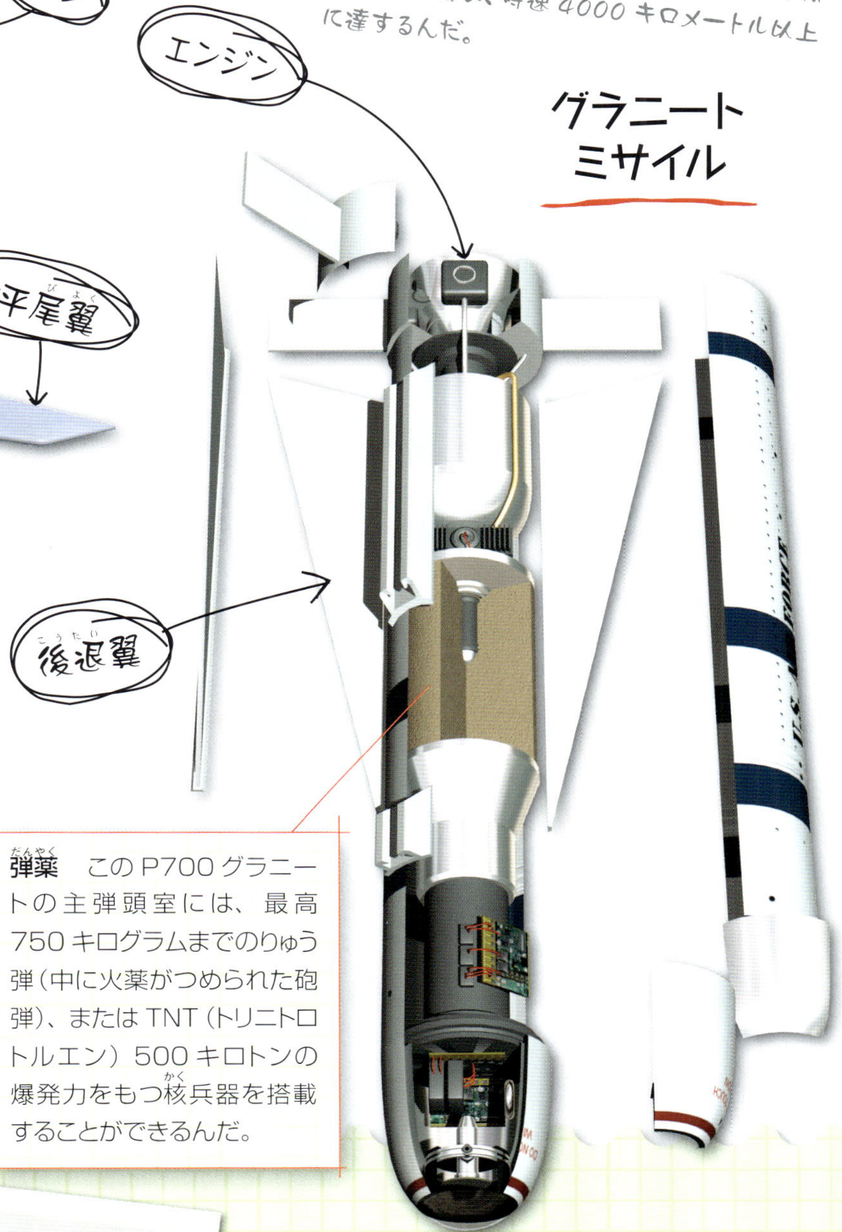

エンジン 小型のウィリアムズF107ターボファンジェットエンジンは、巡航ミサイル用に特別に開発された。全長わずか126センチメートル、全幅は33センチメートルで、重さは66キログラムしかないんだ。

弾薬 このP700グラニートの主弾頭室には、最高750キログラムまでのりゅう弾（中に火薬がつめられた砲弾）、またはTNT（トリニトロトルエン）500キロトンの爆発力をもつ核兵器を搭載することができるんだ。

☀ 水中発射！

潜水艦発射ミサイルは、ひじょうに高いガス圧、または水圧の急激な噴出によって、輸送中の保護缶の役割もある発射チューブから発射される。ミサイルが水面からでると、固体燃料のロケットブースターが作動して、巨大な花火みたいに全速力でのぼっていき加速する。決まった燃焼時間がすぎてブースターが切りはなされたあと、今度はジェットエンジンが点火してミサイルを飛ばすんだ。

潜水艦発射ミサイルのブースターに点火

トマホークは垂直発射に加えて、潜水艦の魚雷発射管から水平発射することもできる。

9

M2 ブラッドリー歩兵戦闘車

装甲車であり、兵員輸送車であり、軽戦車でもある M2 ブラッドリーは、IFV（歩兵戦闘車）とよばれている。装甲板で部隊を守り、戦場の目的地まで運ぶことや、援護射撃をしたりシェルターになったりして部隊を助けながら、自分への攻撃を撃退することがその役割なんだ。同じファミリーの M3 は、調査や情報収集をするていさつ車両だ。

へえ、そうなんだ！

戦闘態勢をととのえた兵士は、前線に到着するときまですべてのスタミナや体力をたもつ必要がある。初期の兵員輸送車は、荷馬車やときには牛が引く車だったんだよ。

この先どうなるの？

いくつかの国の軍隊では、ロボット兵士の実験がおこなわれている。ロボット兵士は、人間の兵士の形をしているわけではなく、とても小さな装甲戦車のようなものだ。ペットの犬くらいの大きさだけど、とてつもない兵器が搭載されているんだ。

ブラッドリーは、第2次世界大戦中ヨーロッパ戦線で活やくした重要なアメリカの司令官の1人、オマール・ブラッドリー元帥にちなんで名づけられた。『戦場のタクシー』として知られる装甲兵員輸送車のひとつだ。

主砲 ほとんどの M2 ブラッドリーには、M242 ブッシュマスターチェーンガンが装備されている。M242 の口径は 2.5 センチメートルで、砲弾のとどく距離は 2 キロメートルをこえる。

✳ キャタピラー（無限軌道）の仕組み

履帯（鋼板を帯状につなぎ、車輪にとりつけたもの）や無限のベルト通しともよばれるキャタピラーは、ちょうつがいで連結したくさんの長方形の履板というものでできている。エンジンで回転する駆動輪についた、長い、うねのある歯車型の歯が履板と履板の間のみぞにかみあい、無限軌道をグルグル回して走らせる。上部についている無限軌道をささえるリターンローラー、車両の重さを土台でささえる走行転輪などの車輪に歯はなく、駆動輪ではないんだ。

エンジン カミンズ VTA-903T ターボディーゼルエンジンは 15 リットルで、小型のファミリーカーのおよそ 10 倍だ。660 リットルの燃料タンクを満タンにしたときの行動距離は、約 400 キロメートルある。

- リターンローラー
- 誘導輪
- 泥よけ
- 走行転輪
- しなやかな無限軌道
- ギザギザの歯がついた駆動輪
- エンジンのドライブシャフト
- 前部装甲

>>> 軍事マシーン <<<

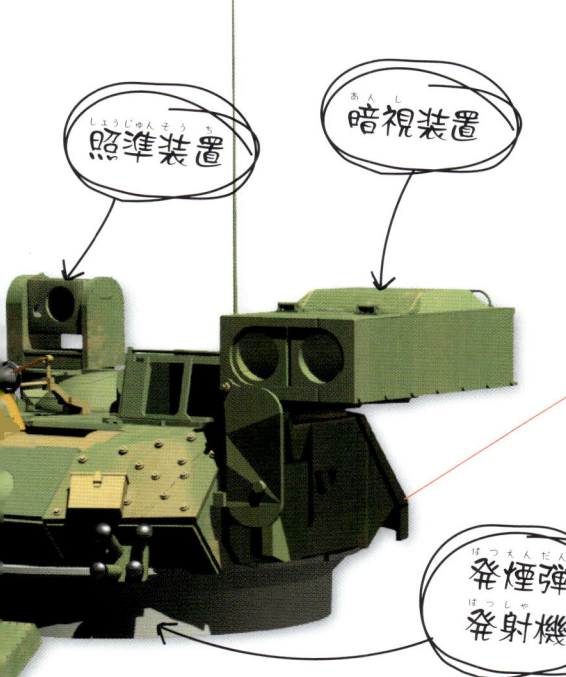

- 照準装置
- 暗視装置
- **砲塔** 砲手が砲塔の左側にすわる。戦車長は右側にいて、必要な場合はかわって砲撃をおこなうこともできる。
- 発煙弾発射機
- **兵員室** ブラッドリーの車体後部の、武装した兵士を収容できる部分。兵士は後ろの油圧式スロープから出入りする。
- 機関銃
- **走行転輪** 両側に6個ずつある走行転輪にはゴムタイヤがついている。そのそれぞれに、トーションバーとして知られる独自のサスペンション装置がそなわっている。トーションバーはバネのような金属の棒で、車輪の動きによる衝撃をやわらげる。
- **操縦席** 左前部、エンジンの横にある。フットペダルでエンジンの回転数をコントロールする。
- **無限軌道と駆動輪** 右側の無限軌道にはシュー、またはリンクともよばれる履板が82枚、左側には84枚ある。前方の駆動輪はスプロケットになっていて、歯が11ついている。

M2ブラッドリーが、うなりをあげて進む。

✳ 戦闘準備完了！

M2ブラッドリーの600馬力のディーゼルエンジンの最高速度は、時速65キロメートルで、戦車やその他多くの装甲車両をゆうに上回るんだ。みぞやたおれた木などほとんどの障害物をのりこえていくことができる。M6ラインバッカーモデルは4基のスティンガー地対空ミサイルを運び、M7は前にでて、戦車や他の兵器の攻撃の方向を決めるのを助けるんだ。

M2ブラッドリーの基本モデルは全長6.5メートル、全幅3.3メートルで、砲塔の最も高い部分までの高さはほぼ3メートルだ。完全装備をして戦闘態勢にあるときの重さは、約33トンある。

ブラッドリーを改造して、補給車や移動式医療センター、そして内蔵エンジンまたは追加のエンジン発電機を使った電源車までつくられているんだ。

M270 ロケットランチャー

弾頭搭載ロケットやミサイルは戦場で最も破かい力のある兵器だ。M270MLRS（自走ロケット弾発射システム）は、前ページのM2ブラッドリーをもとにしてつくられたもので、高速装軌（キャタピラーがついている）車両にとりつけられたロケットランチャーだ。得意技は「シュートアンドスクート」。つまり、すばやく配置につき、最高12発もの内蔵ロケット弾を発射し、敵に見つかって反撃をうける前に移動することができるんだ。

へえ、そうなんだ！
ロケット弾が初めて戦争に使われたのは、1000年以上前の中国だったんだ。ロケット弾は「火矢」とよばれていて、「黒い粉」という初期の火薬で飛ばした。犠牲者がでることはほとんどなく、おもに敵をこわがらせるために使われていたんだ。

この先どうなるの？
M270にかわって、HIMARS（高機動ロケット砲システム）がしだいに主流になっていくだろう。「シックスパック」として知られるHIMARSは、運べるロケット弾の数は半分だが、より速くより正確だ。

400年以上前、朝鮮ではもっとたくさんの火薬を使い、先に火薬をつけた大きな矢を、爆発する大きな花火のように打ち上げた。人（またはとてもおびえた牛）が引く荷車から、150発以上発射させることができた。

装甲 M270のすべての部品は、アルミ合金装甲でできている。うすい板を溶接して強度を高め、衝撃をうけたときにバラバラにならないようにする。

M270は重量24トンをこえるが、それでも最高時速は64キロメートルと、わりあい速い。

乗員席 通常3名の兵士が乗る。車長は右側、砲手が中央、そして操縦手は左側にすわる。

爆撃シャッター 前の視察窓は、特殊強化ガラス製。攻撃されたときは、その上に強力なシャッターをおろして守りをかためるんだ。

上部装甲板

駆動輪

✳ ロケット攻撃
一般的な戦争に使われるロケット弾は無誘導式噴進弾（誘導装置のないロケット）、ミサイルは誘導式噴進弾だ。M270「ファミリー」の弾薬には、基本的な（無誘導）ロケット弾で、手りゅう弾型の子弾を空中ではなってまきちらし、あたった瞬間に爆発させるM26などがある。その射程距離は約32キロメートルだ。

ロケット弾を発射するM270

>>> 軍事マシーン <<<

- M26 ロケット弾
- MGM-140 ミサイル
- ランチポッド
- **ランチャーモジュール** コード番号 M269 のこのランチャーには、2つのポッドを収容するスペースがあり、それぞれにすでに兵器がつみこまれている。
- **兵器** 各ポッドはそれぞれ、600個以上の「子弾」を内蔵する6基のM26ロケット弾、またはMGM-140ミサイルを運ぶ。
- ウインチケーブル

✳ クレーンでどうやって装てんするの？

M270 は自動装てん式。基地で、または補給車が戦場に運んできたロケット弾またはミサイルポッドを自力で組みこむことができるんだ。伸縮式のローディングブームがランチャーモジュールの上からスライドし、ウインチケーブルを下げてポッドを引き上げると、ローディングブームとポッドの両方がモジュールに後ろむきにすべりこむ。すべての再装てんプロセスを終えるのに9分もかからないんだよ。

ランチャー砲塔 強力な電気モーターによって、砲塔はわずか数秒間で360度回転する。油圧式アームを使い、ランチャーを正しい角度で上にかたむける。

M2 ブラッドリーをベースにした軌道システムをもつ M270 は、その大きさと重さのわりにとっても機動的だ。1メートルまでの高さの障害物をのりこえることや、幅2メートル以上の塹壕（敵の銃弾をさけるためにほったみぞ）を渡ることもできるんだ。

- 伸縮式ローディングブーム
- ウインチケーブル
- ランチポッドがランチャーモジュールにすべりこむ
- ランチャーモジュール
- M270
- 補給車が M270 にポッドを運ぶ

13

M1 エイブラムス戦車

世界で最強の移動式兵器のひとつである、M1 エイブラムス MBT（主力戦車）は、強力な一撃をくらわす力をもち、あらゆる種類の反撃から身を守ることができるんだ。弾薬は「ブローアウト」とよばれる部分におさめられているので、もし爆発しても、乗員が即死しないよう、爆風の威力は戦車内部ではなく外側にむけられるんだ。

へえ、そうなんだ！

戦車が初めて実戦に配備されたのは1916年、第1次世界大戦のまっただなかのことだった。輸送中にその機能を敵に知られないようにするため、戦車は真水をためておく大きな貯水タンクということにしていた。戦車を英語でタンクというのは、そのなごりなんだよ。

この先どうなるの？

装甲による防ぎょはたえず進化している。反応装甲には爆薬がつめこまれていて、攻撃されるとこれが爆発し、うける衝撃を軽くする。

エンジン ハネウェル AGT1500 タービンエンジンは、飛行機のジェットエンジンに似ている。1500 馬力以上をだし、いくつかの種類の燃料で動かすことができるんだ。

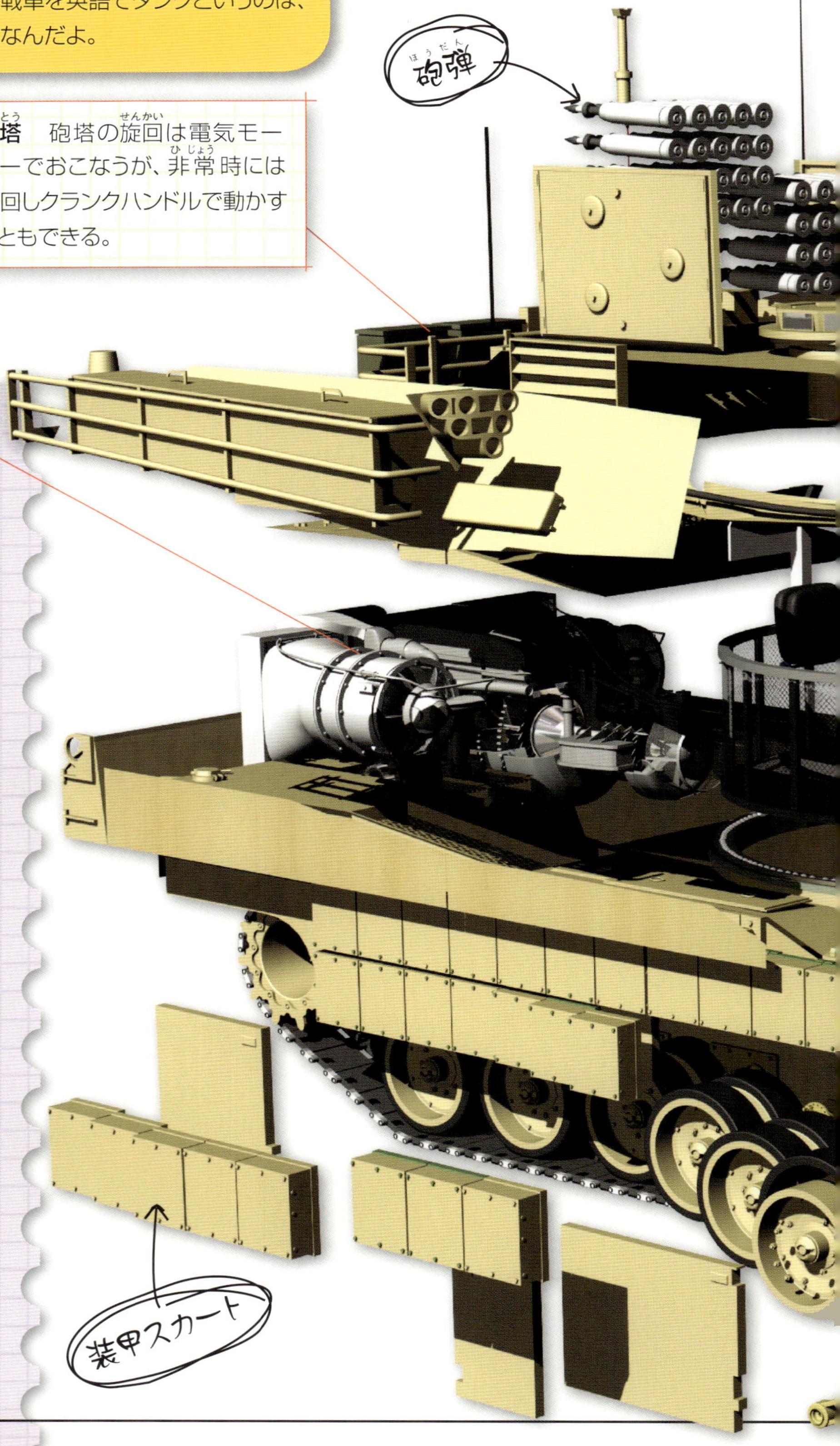

砲塔 砲塔の旋回は電気モーターでおこなうが、非常時には手回しクランクハンドルで動かすこともできる。

砲弾

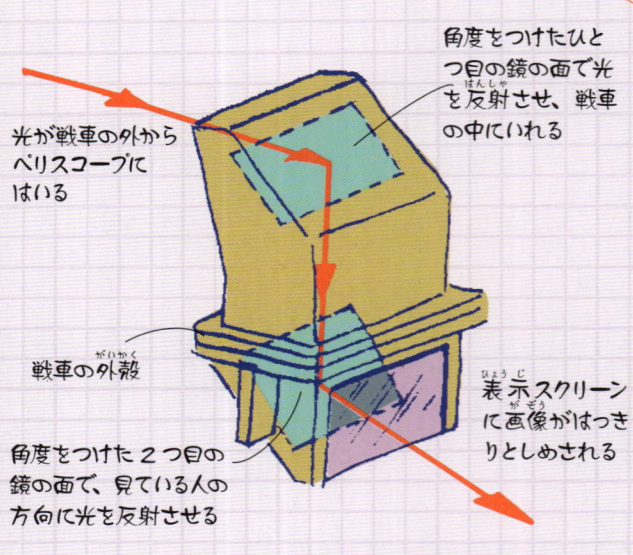

- 光が戦車の外からペリスコープにはいる
- 角度をつけたひとつ目の鏡の面で光を反射させ、戦車の中にいれる
- 戦車の外殻
- 角度をつけた2つ目の鏡の面で、見ている人の方向に光を反射させる
- 表示スクリーンに画像がはっきりとしめされる

✳ ペリスコープの仕組み

M1が戦場にむかうときは、すべてのハッチを閉める。操縦手と乗員は電子スクリーンで外を見るが、ペリスコープという古くからの技術が今でもなくてはならない。M1にはペリスコープが9台搭載されている。さしこんでくる光が2台の鏡の表面で反射して、それぞれ約45度の角度で戦車の本体外側のおおい、つまり外殻のすきまからはいってくる。ペリスコープのかわりに、赤外線を感知して表示する、暗視装置（暗闇でも見える装置）を使うこともできる。

装甲スカート

>>> 軍事マシーン <<<

まもなく到着だ

その圧倒的な重量にもかかわらず、それでもM1を戦場に運ばなければならない。戦場は、遠くはなれた砂ばくや、けわしい雑木林、うっそうとしたジャングルなどさまざまだ。できるだけ近くまで船、または軍用のホバークラフトで移動させ、それから大型の戦車輸送車にうつすのが一般的な方法だ。戦車輸送車は、路面の状態がよほど悪くないかぎりどこにでもM1を運ぶ。

完全武装したM1の重量は、60トンをこえるものもある。

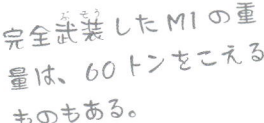
機関銃

軍の輸送艦が、M1エイブラムスMBTを陸あげしている。

発煙弾発射機 発煙弾がだすもうもうとした煙にまぎれて、M1はにげたり、気づかれずに敵に接近したりすることができる。

M1は、1960年代から70年代にかけてベトナム戦争でアメリカ軍を指揮したクレイトン・エイブラムス将軍にちなんで名づけられたんだ。

チョバム装甲

M1の乗員は一般に、戦車長、操縦手、ねらいを定める砲手、砲弾を補給する装てん手で構成される。

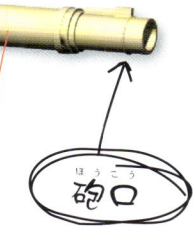
砲口

主砲 主要な武器M256(L44)は、口径(内径)120ミリメートル滑腔砲(ライフリングみぞのない砲)。砲身の長さは5.3メートルだ。

M1の外殻(車体)の全長は7.95メートルで、全幅は3.65メートル。砲塔までの高さは2.44メートルだ。

泥よけ

制御 外殻の前面中央の低い位置に操縦手がすわり、攻撃される危険がないときはハッチをあけて頭をだすことができるんだ。ハッチを閉めなければならないときは、3台のペリスコープと電子スクリーンで視界がえられる。

AH-64 アパッチヘリコプター

ヘリコプターは、最も万能な軍事マシーンのひとつだ。アパッチは、地上の標的をねらう銃、ロケット弾、ミサイル、その他の兵器を搭載した攻撃用「武装ヘリコプター」として主に使われている。けれども必要とあれば、この高速で機敏なヘリは、ていさつ任務を実行し、救急用の医療装置を運搬し、病人やけが人を運ぶことができる。身動きがとれなくなった人々を救いだしたり、緊急救援物資をとどけたりするために、災害の発生地に飛ぶことだってできるんだ。

へえ、そうなんだ！

ヘリコプターは軍事マシーンとしては比較的新しく、初めて実戦配備されたのは第2次世界大戦中だ。このときのアメリカのシコルスキー R-4 は大量生産された最初のヘリでもあって、約130機がつくられたんだ。

この先どうなるの？

トンボくらいの大きさの超小型ヘリコプターが、「空飛ぶスパイ」として開発されている。ヘリはリモートコントロールされ、内蔵カメラでとった写真を無線で送ったり、基地にとどけたりする。

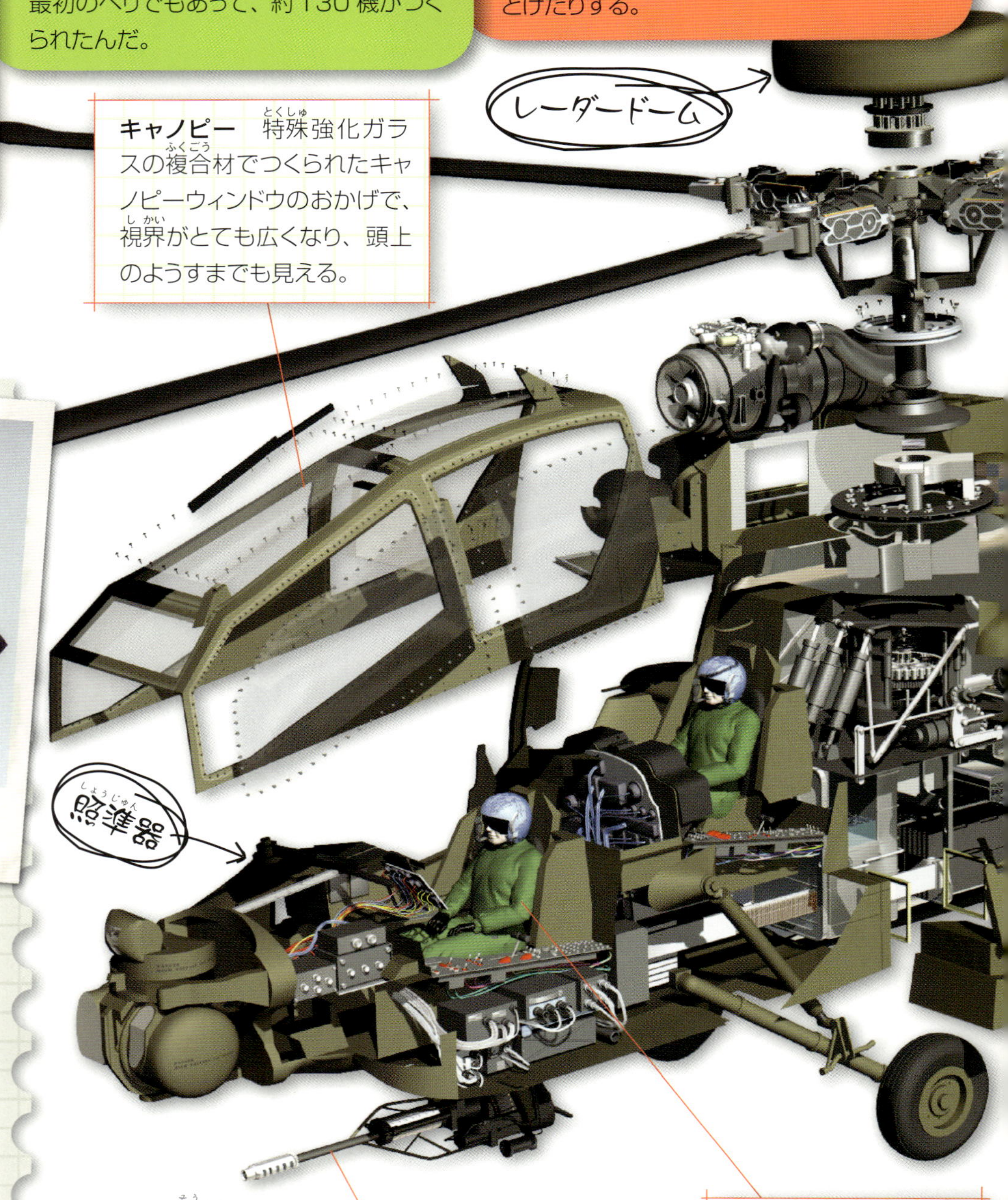

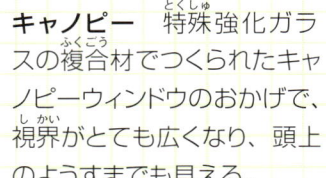
レーダードーム

キャノピー 特殊強化ガラスの複合材でつくられたキャノピーウィンドウのおかげで、視界がとても広くなり、頭上のようすまでも見える。

機体をかたむけて急旋回するアパッチ

照準器

✲ 高速アクション

アパッチの最高時速は約300キロメートルで、上昇するときは秒速12メートルとおなかがいたくなるほどの速度だ。「宙返り」、つまり完全な円をえがくように、上昇してからあおむけになり、急降下して水平飛行にもどることができる数少ないヘリコプターのひとつでもあるんだ。これは機体、とくにローターブレードにかなりの負担をかける。けれども、この動きは主にヘリの運動エネルギー（いきおい）によるものだ。ヘリは、曲技飛行ができる航空機のように、ひっくり返ったままで飛び続けることはできない。

アパッチの総重量は8トン。さらに2トン以上の武器を運ぶことができる。

銃 M230 チェーンガンは30ミリメートル口径。ヘリコプターが飛ぶ方向に「ロック」したり、副操縦士兼射撃手がかぶるヘッドアップディスプレイがついたヘルメットがむいた方向にねらいを定めたりすることができるんだ。

乗員 副操縦士兼射撃手は、主照準器がついていて武器を操作できる前の低い位置に、操縦士は後ろの高い位置にすわる。

>>> 軍事マシーン <<<

アパッチの標準的な航続距離（航空機が1回の燃料で飛び続けられる距離）は約400キロメートルだが、ミサイルやロケット弾のかわりに外部燃料タンクをスタブウイングにつければ、さらに距離をのばすことができる。

安定板と水平尾翼 垂直安定板（垂直尾翼）、そして小型の後部翼（水平尾翼）は、操縦翼面だ。これはほとんどの飛行機にはついているけれど、すべてのヘリコプターにあるわけではないんだ。これらによって高速時でもひじょうにすぐれた制御が可能になる。

ローターブレード 2004年にアパッチに採用された、高性能の新型複合材でできたローターブレードによって、性能がアップした。4枚のつばさの直径は合計で14.6メートルだ。

アパッチの初飛行は1975年。でも実際に任務についたはその9年後だった。

テールローター ドライブシャフト

水平尾翼

スタブウイング

エンジン ローターの動力は、2基のT700-GE-701ターボシャフトエンジン。アパッチは必要ならひとつのエンジンだけで飛ぶことができるんだ。

武器 ヘルファイア、スティンガー、サイドワインダーなどのミサイルと、ハイドラロケット弾を組み合わせて、スタブウイングにとりつけることができる。

✳ テールローターの仕組み

科学的には、「すべての作用には大きさが等しく、方向が反対の反作用がある」という基本的な法則がある。ヘリコプターでは推進力であるメインローターの高速回転が作用で、ヘリの機体を反対の方向に動かそうとするトルク、すなわち回転力が反作用だ。テールローターは飛行機のプロペラのように回転し、その反作用を打ち消すのにちょうどよい推力を生じさせ、ヘリを安定させる。

1. メインのローターブレードが時計回りに回転し、揚力を発生させる

2. トルク反作用によって機体が反対の方向、すなわち反時計回りに回転しようとする

3. テールローターがトルク反作用を打ち消すので、機体が安定をたもつ

4. テールローターの速度を調節することによって、ヘリコプターは空中で停止しながらむきを変えることができる

17

A-10 サンダーボルトⅡ

操縦士やエンジニアは、A-10を「ワートホッグ（イボイノシシ）」、「ホッグ（イノシシ）」、「タンクバスター」などのニックネームでよぶ。すこしスピードが遅いがひじょうにがんじょうで、強固に装甲されたこの飛行機がおこなうのは、CAS（近接航空支援）任務だ。A-10は、味方の部隊の近くにある敵の軍隊や、地上の車両を攻撃するために出動する。低速ではあるけれどもすばやく動けるので、旋回してむきを変え、対空砲（航空機などの空中の目標をうち落とすための砲）や対空ミサイルをかわすんだ。

へえ、そうなんだ！
A-10のGAU/8Aアヴェンジャーガトリング砲という回転砲は、これまで航空機に搭載された最強の機関砲のひとつだ。ガトリング砲のもととなったものは、アメリカ南北戦争（1861〜1865年）が始まった1861年に、リチャード・ガトリング（1818〜1903年）によって発明されたんだ。

この先どうなるの？
この「古きよき」A-10は、まだ現役だよ。後継機の名前があげられたりしているけど、改修されてまだしばらくは使われる予定だ。

A-10は、たいへん長く使われている。初飛行は1972年だったんだ。

ノーズコーン　主砲　計器盤　脱出用シート

※ とってもシンプル
A-10には最新の複雑な機械や機能はついていない。それが成功の理由のひとつだ。A-10は、片方のエンジンだけで、または片方の水平尾翼と主翼の一部を失っても、飛ぶことができるように設計されている。ジェットエンジンは、つばさまたは胴体に内蔵されているのではなく、スタブパイロンの上につまれている。そのため、カバーを外してすばやくかんたんに保守や修理をすることができるんだ。

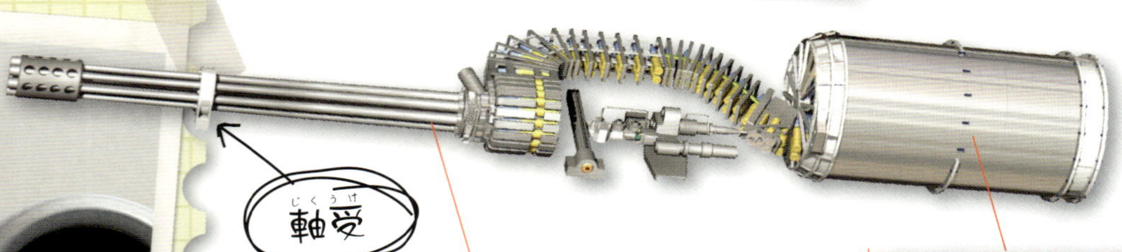

装甲された「浴そう」
操縦士は、「浴そう（バスタブ）」とよばれる、軽いがひじょうにじょうぶなチタン金属製の防ぎょ用コンテナにすわる。

A-10の外付けエンジンは、修理や交換がしやすい。

軸受

回転砲　大型の機関砲は一般に、徹甲弾（装甲に穴をあけるための弾）やりゅう弾（中に火薬がつめられた弾）を組み合わせて発射する。砲口から砲弾が射出されるときの速度は秒速約1000メートルだ。

弾薬ドラム　ドラムには1150発以上の弾がはいる。

「キック」とよばれる、砲弾が発射された瞬間の回転砲の反動は、飛行機の2基のエンジンのパワーとほとんど同じだ。

>>> 軍事マシーン <<<

回転砲の仕組み

ガトリング砲はすばやく自動で再装てんをおこなうが、動力はついていないため、人、電気モーター、液圧（加圧された液体）、または空気圧（加圧空気）のメカニズムなどの外部の力で回転させなければならない。A-10のアヴェンジャー砲には7つの砲身があり、長さは約6メートルで、毎秒65発発射する。弾薬をすべて装てんすると、重さはおよそ2トンだ。

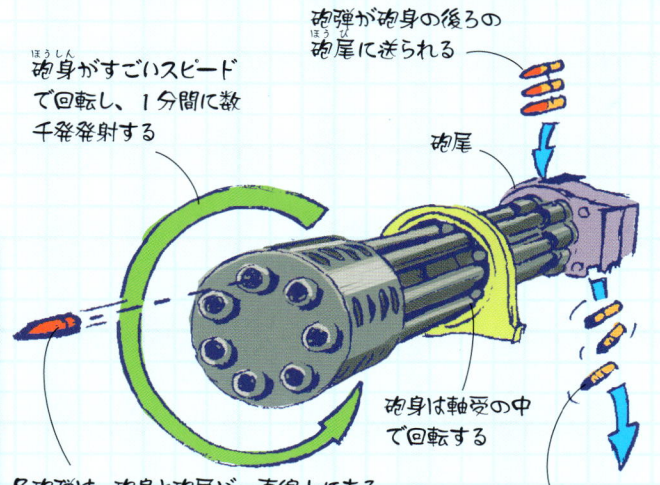

- 砲身がすごいスピードで回転し、1分間に数千発発射する
- 砲弾が砲身の後ろの砲尾に送られる
- 砲尾
- 砲身は軸受の中で回転する
- 各砲弾は、砲身と砲尾が一直線上にあるときに発射される
- 使用ずみの砲弾が排出される

夜や天気が悪いときの任務のために、2人乗りのA-10がためしに1機だけつくられた。

エンジン 双発のTF34-GE-100ターボファンジェットエンジンによって、A-10は最高時速700キロメートルをだす。

2枚の垂直尾翼 それぞれに方向舵がついた2枚の垂直尾翼のおかげで、流れる空気による推力が方向舵にほとんどかからない低速飛行時でも、A-10は急旋回することができる。

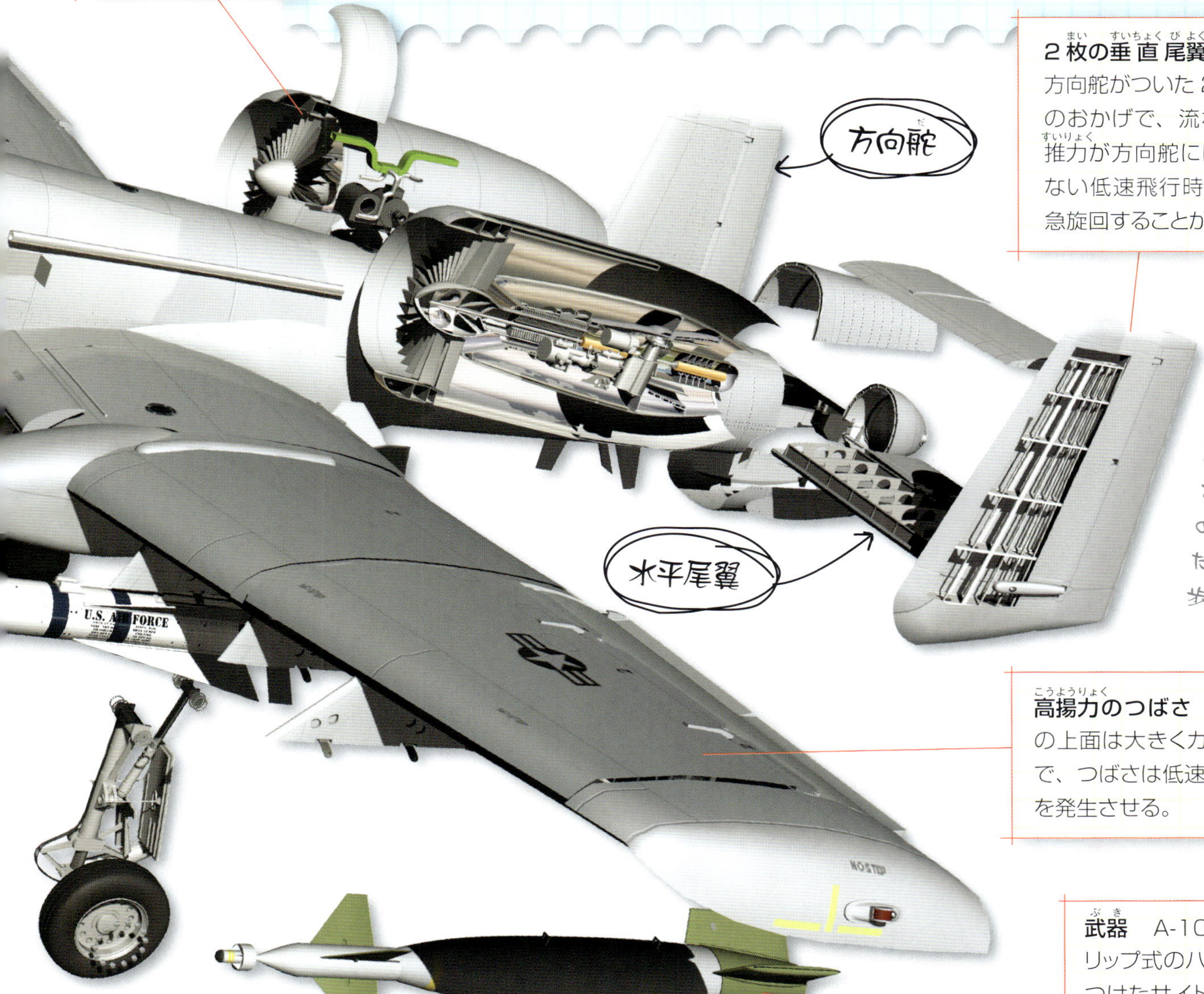

方向舵

水平尾翼

A-10は、より速く飛ぶため、そして攻撃能力をもっと高めるために改良されている。A-10のつばさは、まったく新しいものに進歩するだろう！

高揚力のつばさ 大型のつばさの上面は大きくカーブしているので、つばさは低速でも十分な揚力を発生させる。

武器 A-10は、11カ所のクリップ式のハードポイントにとりつけたサイドワインダーやマーベリックミサイル、そしてさまざまな爆弾を装備している。

「サンダーボルトⅡ」の名は、第2次世界大戦のころのプロペラ戦闘機、P-47サンダーボルトにちなんでつけられた。

19

V-22 オスプレイティルトローター

発明家は長い間、固定されたつばさをもつふつうの飛行機とヘリコプターの両方のメリットをもつ飛行機をつくろうとしてきた。V-22 オスプレイは、なかでも成功したもののひとつである。それぞれのつばさの先についたエンジンとローターを合体させたものが回転し、垂直離陸（着陸）のときはローターが上を、そのあと通常飛行するときには前をむく。オスプレイは 6 トン以上の貨物を運ぶことができるが、これにはどんなヘリコプターもおよばない。

へえ、そうなんだ！

ティルトローターは 1930 年代におおよその設計図がえがかれていたものの、じっさいにはつくられなかった。ドイツがためしにつくった FA-269「ヘリプレーン」は 1940 年代にある程度まで製造されたが、じっさいに飛ぶことはなかった。オスプレイは、1977 年に初飛行したベル XV-15 をもとに開発されたんだ。

この先どうなるの？

HTR（ハイブリッドタンデムローター）は、ティルトローターとヘリコプターを組み合わせる、つまりティルトウイングを使う計画だ。つばさ全体は 25 度回転するが、それは図面上だけの話で、製造はまだ始まっていないよ。

オスプレイのつばさの先から先までは 14 メートル。ローターをふくめると全幅は約 26 メートルになる。

スタブウイング エンジンとローターの重量をささえ、それらが引っぱる力にたえられるよう、つばさはふつうの飛行機のものよりもずっと強くてがんじょうでなければならない。

ナセル

✴ ティルトローターの仕組み

ヘリコプターには空中停止に代表されるすばらしい飛行能力がある。しかし、ヘリには前進しながら揚力を得るつばさがない。揚力がないので、ヘリは飛び続けるためにずっと多くの燃料を使わなければならない。V-22 オスプレイはこの点を、飛行機のつばさと、ヘリのようにかたむけたり制御したりすることができるローターをつけることで解決している。ただし、ヘリコプターモードではつばさがローターからの下降気流をさまたげ、ローターの働きを弱めてしまう。

水平飛行位置　垂直飛行位置
ギアボックス
ナセル（エンジンの保護ケース）
エンジン
ローターブレード

各エンジンのドライブシャフトは、中央にあるギアボックスで連結している。そのため緊急のときにはひとつのエンジンで飛ぶことができる。

乗員と操縦機器 操縦室には 2 人の乗員がいて、左側に操縦士、右側に副操縦士がすわる。ローターの傾斜角など、操縦の方法は一般的な飛行機とはことなるが、コンピューターがほとんど自動でおこなう。

機体本体には、最大で 32 人の兵士をのせられるスペースがある。機体の下にフックがついていて、車両を空輸することができるんだ。

>>> 軍事マシーン <<<

ローターハブ ヘリコプターにもついているこの複雑な装置は、必要な揚力の量に合わせて、空中停止しながらローターブレードの角度を調整する。

オスプレイ開発は初期のころ、死者を出す何度かの墜落事故によってつまずき、設計を大きく変えなければならなかった。試験飛行にいたるころには、開発費用は10倍にふえた。

ローターブレード 飛行機のプロペラとヘリコプターのローターを組み合わせたローターブレードは、プロップローターとよばれている。それぞれに3枚のブレードがついていて、全体の直径は11.6メートルだ。2つの役目をこなすブレードは、どちらかの機能にとくにすぐれていることはない。

機体 超軽量の骨組みと外装をもつオスプレイの航続距離は約1600キロメートルで、空中給油すれば4000キロメートルをこえる。

✱ 飛行機を折りたたむ！

急ぐ必要がなければ、V-22を船で長距離輸送するほうがはるかに燃料を節約できる。V-22をしまうためには、つばさとエンジンとローターの集合体全体を90度旋回させて、つばさが機体と水平になるようにする。各つばさの先にあるローターブレードも、2枚のブレードをもう1枚に折りかさねるようにすることができるんだ。

エンジン ロールス・ロイス T406/AE1107Cリバティーターボシャフトエンジンの出力は、6000馬力以上だ。エンジンが垂直か水平かにかかわらず、燃料やその他の流動液体のポンプは重力の働きにさからって作動しなければならない。

オスプレイは折りたためるので、格納しやすい。

F-22 ラプター

「ラプター」という言葉には、「どろぼう」、「ハンター」、「侵略者」といった意味があり、F-22 はそうした特徴をすべて合わせもっている。F-22 はひじょうに高速で順応性がある。ステルス技術を用いているため、敵の領空に侵入し、現地の情報を集め、敵の無線メッセージを聞き、レーダーを妨害し、ミサイル攻撃を実行し、見つかる前にアフターバーナーを使って逃げ去ることができる。すべての能力をそなえた F-22 はなんと約 1 億 5000 万ドル。加えて操縦士と燃料のコストがかかる。

へえ、そうなんだ！

飛行機をレーダーの電波を反射しないよう設計するステルス技術は、1950 年代後半に登場した。その後ステルス技術は広まって、飛行機の騒音レベルを下げ、熱の発生をおさえ、無線メッセージの発信をへらし、目に見える形さえも小さくしているんだ。

この先どうなるの？

アクティブカムフラージュ、またはアクティブステルスでは、物体が背景からの光を「屈折させ」、見ている人のほうに放つので、その物体は見えなくなる。

キャノピー

フライバイワイヤー　ほとんどの現代のジェット機と同じく、サイドスティックコントロール（サイドパネルにとりつけられた小さな制御装置）はコンピューターにつながっている。コンピューターは、方向舵や昇降舵などを動かすよう電線（ワイヤー）で電気信号として指示を送る。それらの部分を物理的に引くために、以前は金属ケーブルが使われていた。

レーダー　AESA（アクティブ電子走査式アレイ）として知られる特殊なステルスレーダーのおかげで、F-22 は感知されにくい。

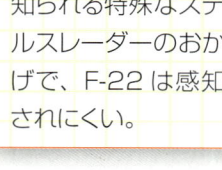

探針

エンジンの吸気口

✱ 爆発的な速度

リヒートともよばれるアフターバーニングは、ジェットエンジンの推力を大幅に高める。けれどもそれにはさらにたくさんの燃料を使う。また、ぼう大な熱を発生させるので、エンジンやまわりの構造物が長時間それにたえることができない。そのためアフターバーニングは、たとえばできるだけすばやく離昇速度に到達させたい離陸のときなど、必要な場合にだけ用いられる。また戦闘中はアフターバーナーのおかげで、F-22 は加速して危険からぬけだすことができるんだ。

飛びたち、アフターバーナーを光らせ超音速に突入するラプター

ラプターの初飛行は1997年。けれども、その役割の一部は F-35 などのほかの戦闘機がはたすことができる。それに、F-22 の約1機あたりのコストは1億5000万ドルにまで増加した。

>>> 軍事マシーン <<<

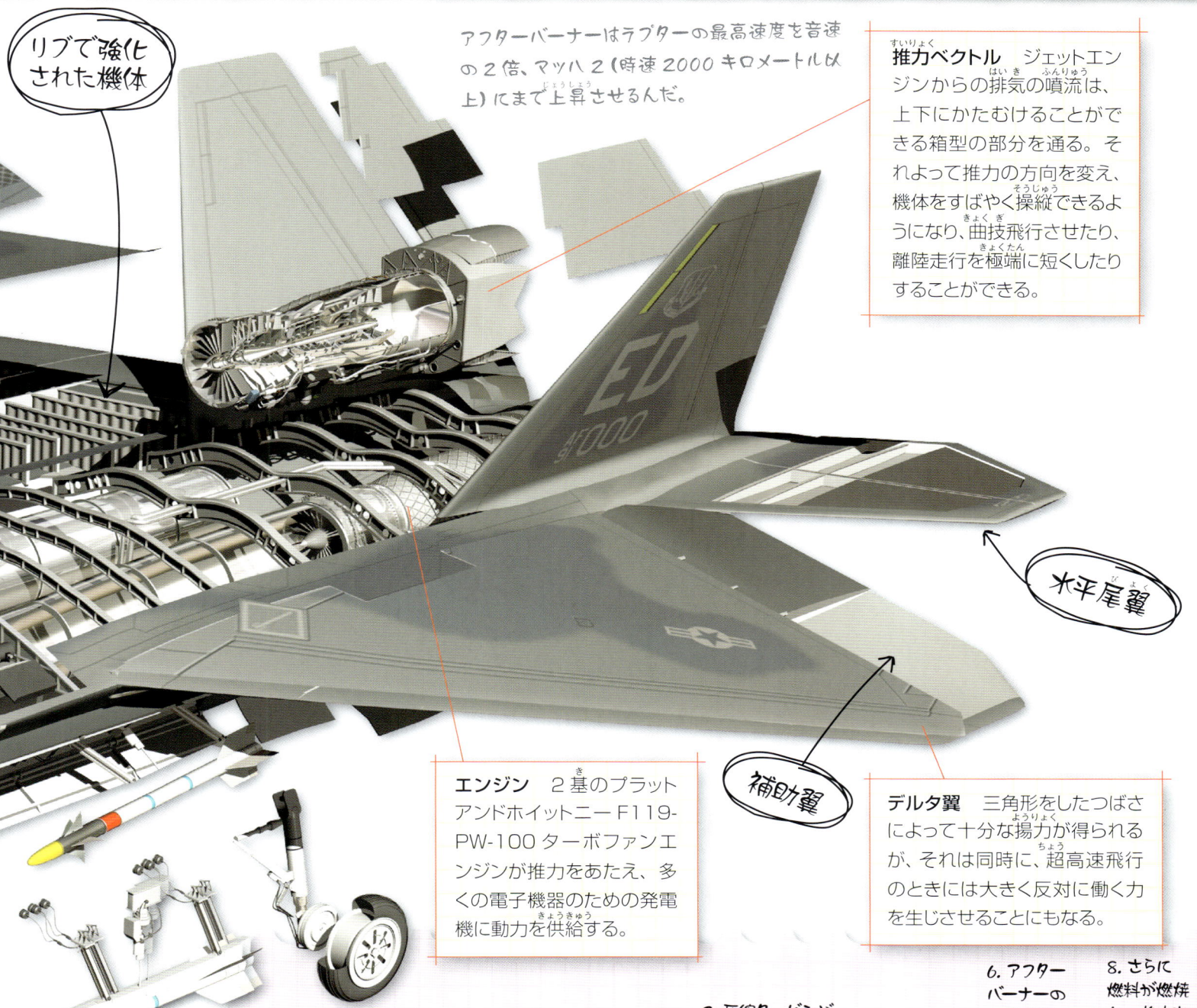

リブで強化された機体

アフターバーナーはラプターの最高速度を音速の2倍、マッハ2（時速2000キロメートル以上）にまで上昇させるんだ。

推力ベクトル　ジェットエンジンからの排気の噴流は、上下にかたむけることができる箱型の部分を通る。それによって推力の方向を変え、機体をすばやく操縦できるようになり、曲技飛行させたり、離陸走行を極端に短くしたりすることができる。

水平尾翼

エンジン　2基のプラットアンドホイットニーF119-PW-100ターボファンエンジンが推力をあたえ、多くの電子機器のための発電機に動力を供給する。

補助翼

デルタ翼　三角形をしたつばさによって十分な揚力が得られるが、それは同時に、超高速飛行のときには大きく反対に働く力を生じさせることにもなる。

サイドワインダーミサイル

ラプターの全長は18.9メートル、翼幅は13.56メートルだ。離陸のときは約35トンの重量がかかる。

✴ アフターバーナーの仕組み

標準的なターボジェットエンジンの場合、扇風機についているのと同じような、ななめにかたむいたタービンブレードを回転させることで空気がすいこまれ、圧縮される。燃料が空気中で燃え、高温ガスの「ジェット」となって後ろからふきでて、推力を生みだす。アフターバーナーはもうひとつの燃焼室で、燃料をもっとふきつけて燃焼させ、さらなる推力をえる。けれども、その分の燃料が完全に燃えてしまうわけではないので、アフターバーナーの燃料効率はあまりよくないんだ。

1. 吸気口のタービンが空気を吸入する
2. 圧縮タービンが空気を圧縮して高圧にする
3. メインノズルがジェット燃料を吹きつける
4. 燃料が燃焼室で燃える
5. 排気ガスの強力な噴射によって、排気タービンが回転する
6. アフターバーナーのノズルがさらに燃料をふきつける
7. アフターバーナーの点火装置が燃料を発火させる
8. さらに燃料が燃焼し、推力をもっと発生させる
9. アフターバーナーのダクトから、噴流がでる

23

E-3 セントリー AWACS

現代の軍事紛争は、戦車、戦艦、飛行機、ミサイルなどの武器による戦いでもあり、また電子機器による戦いでもある。無線やマイクロ波の通信、そしてレーダーや衛星のシステムは、勝敗のかぎをにぎるツールだ。セントリーなどの早期警戒管制機（AWACS）は、あやしい動きに目を光らせ、また味方の軍隊に指令をだして連けいをはかったりもする。

へえ、そうなんだ！

レーダー（右ページも見てみよう）では、ある物体の方向、距離、そしておそらくはその正体、つまり飛行機か、船か、ミサイルか、ロケットかを電波によって感知することができる。1930年代、何人もの発明家がレーダーの研究をしていた。じっさいに機能するシステムを最初に考案したのは、ロバート・ワトソン＝ワットがひきいた連合国のチーム。第2次世界大戦のときのことだった。

この先どうなるの？

衛星レーダーなどを使って、すべての軍用車両や飛行機を追跡できる日が来るかもしれないね。

セントリーの全長は46メートル、尾翼の先までの高さは12メートル、垂直翼幅は約44メートルだ。

AWACSの飛行中、レーダー技師がスクリーンを観察している。

セントリーは給油せずに8時間以上飛行を続けることができる。

コンピューターステーション 最大19名のミッションクルーが、それぞれにスクリーンとディスプレーがついた監視ステーションを操作する。スクリーンやディスプレーからは、数多くの見えない電波、レーダー、マイクロ波の信号が、つねに飛びかっていることがわかる。

ナビゲーション セントリーには、6つの主要なナビゲーションシステムが搭載されている。地上マッピングレーダー、GPS（衛星ナビゲーション）、そして緊急用の旧式の磁気コンパスなどだ。

✱ 空中ていさつ装置

E-3 セントリーは、最も早くから最も長い期間運用されているジェット旅客機のひとつであるボーイング707をもとにしているんだ。セントリーは24時間体制で空をパトロールし、すばらしく強力なレーダーで空中の活動を監視する。セントリーはまた、他の国が使う無線やマイクロ波の信号をキャッチする。こうした信号はすべて、何かおかしなことがあればオペレーターに警告するようプログラムされているコンピューターによって、画面に映しだされる。

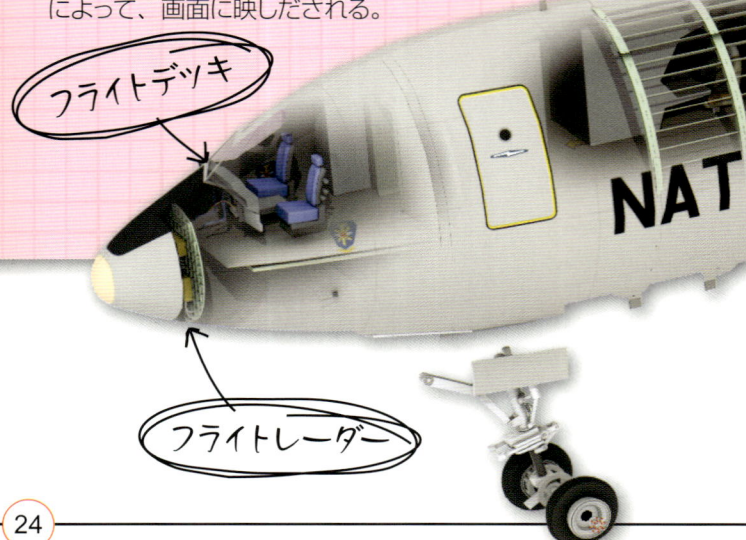

（フライトデッキ）
（機体の構造部材）
（フライトレーダー）

搭載された電子機器 たいへん多くの電子機器やコンピューター装置がついているということはつまり、電気を発生させるためにジェットエンジンのぼう大な力が使われているということなんだ。

（主着陸装置）

24

>>> 軍事マシーン <<<

✳ パルスドップラーレーダーの仕組み

レーダーは電波信号を物体にあててはね返らせ、その反射波を感知することで物体の方向や距離がわかる。短い信号（パルス）を発信すると、物体がレーダーのほうにむかっている場合には、パルスごとに少しずつ近づいてくるので、反射パルスの間隔がせまくなる。同じように、物体がはなれていくときはパルスの間隔が広くなる。これはドップラー効果とよばれ、これにより、高速パルスレーダーは物体の速度をはかることができるんだ。

ロートドーム 回転式レーダーは毎分約6回転する。直径9.1メートル、厚さ1.8メートルで、2本の金属の支柱によって胴体から高さ4メートルのところで固定されている。

1995年、セントリーはアラスカで墜落した。カナダガンの群れが、2基のエンジンにすいこまれたことがその原因だとわかった。

「ルックダウン」レーダー ひじょうに強力な、100万ワットのパルスドップラーレーダー。300キロメートル以上先を低い高度で移動する飛行機や船などの物体を感知する。高いところを飛行する飛行機なら感知できる範囲はさらに広い。宇宙船を感知することもできるんだ。

受信機
もどってくる反射波の間隔がせまくなる
ターゲットがレーダーに近づく
発信機
発信されるレーダーのパルス

もどってくる反射波の間隔が広くなる
ターゲットがレーダーから遠ざかる
同じ間隔で発信されるレーダーのパルス

探針
寝台
翼リブ
翼外板
パイロン

エンジン 4基のプラットアンドホイットニー TF33-PW-100A ターボファンジェットエンジンがだす最高時速は、850キロメートルだ。

25

B-52 ストラトフォートレス

冷戦時代にあった1950年代から70年代にかけて設計されたB-52重爆撃機は、50年以上もアメリカ空軍で活やくしている有力兵器だ。当時、超大国のアメリカと旧ソ連（現在のロシアとその連邦国）が核兵器の存在を見せつけ、暗黙の、しかし明らかな脅威をたがいにあたえていた。B-52は大型兵器を運ぶだけではなく、8000キロメートル先の目標地点に爆弾を落とし、楽々ともどってくることができる。

へえ、そうなんだ！

爆撃を目的としてつくられた最初の大型機が任務についたのは、第1次世界大戦だった。小型で軽量の戦闘機はエンジンが1基で飛べるけれど、B-52はとても重い爆弾をつんでいたので、2〜4基、またはそれ以上のエンジンが必要だったんだ。

この先どうなるの？

太陽エネルギーで飛ぶリモートコントロール式の航空機は、何日間も飛んでいられるし、小さくて軽い強力爆弾を落とすために使うことができるかもしれない。

巨大なつばさ とても大きなつばさによって十分な揚力が得られるので、飛び続けるための燃料が少なくてすむ。

爆弾倉 燃料の量にもよるが、搭載できる兵器の重さは合計で最大32トン。ミッションにおうじて爆弾、ロケット弾、ミサイル、機雷を組み合わせる。

乗員 基本的に乗員は、機長、副操縦士、航法士（ナビゲーター）、爆撃手（「目標捕捉士官」）、そして（電子機器を扱う）電子戦士官の5人だ。

B-52の機首の形に似ているとして、1960年代にはやった髪型にその名がつけられた。エイミー・ワインハウスなどの有名人が、「ビーハイブ（はちの巣）」ともいわれるその髪型をしていたことで、ふたたび注目されている。

2つのエンジンポッド

✳ 空中給油

1923年にアメリカで、2機のDH-4Bの間で初めて空中（飛行中の）給油に成功した。1930年には、操縦士と乗員のチームが交代で500時間以上飛行を続けたという記録が残っている。じっさいの長距離ミッションのさいには、タンカーとよばれる空中給油機が、別のタンカーから空中給油をうけ、次のタンカーに給油するという、リレー式の空中給油がおこなわれる。各機は飛行時間を慎重に計算し、ランデブー地点（給油地点）にむかう。

高い高度で燃料を補給するB-52

B-52の最大速度は時速1000キロメートルで、現代の航空機とくらべて特別速いわけではない。長い航続距離と、破かい的な兵器をたくさんつめることが強みなんだ。

>>> 軍事マシーン <<<

B-52の初飛行は1952年。合わせて744機が製造された。

B-52のすぐれた性能データをみてみよう。翼幅は56.4メートル、全長48.5メートル、垂直尾翼までの高さは12.4メートル、(乗員、武器、燃料をふくめない)機体のみの重量は83トン、最大離陸重量(離陸することができる総重量の最大値)は220トンだ。

(垂直尾翼)

燃料タンク 胴体と翼内にある燃料タンクは、合計18万リットルとファミリーカーの2500倍以上もの燃料をつんでいる。B-52は15キロメートルの高さを飛行することができる。

(アルミニウム合金製の外板)

(胴体隔壁)

翼端タンク 増設燃料タンクで、航続距離をのばすことができる。タンク1基につき容量は3500リットルだ。

尾部砲 M61バルカンは6砲身の回転砲だ。砲口初速(砲口から弾丸が射出されるときの速度)は毎秒1000メートルで、1分間に最大6000発発射できる。

(アウトリガー車輪)

エンジン 8基のプラットアンドホイットニーTF33-P-3/103ターボファンジェットエンジンが、つばさの下の4本のパイロンに2基ずつついている。これは、大型ジェット旅客機のボーイング707やダグラスDC-8に搭載されているJT3Dの改良型だ。

給油機はまっすぐに、安定した飛行をする

燃料はブームを通って給油機からB-52に流れる

B-52の受油容器

小さな「つばさ」によってブームの位置が安定し、B-52の受油容器をブームの端につなぐことができる

B-52は、給油機の少し下、少し後ろを飛ぶ

✳ 空中給油はどうやってするの?

空中で燃料補給をするためには、燃料をつんだ給油機が受油機の少し上、少し前方の位置をたもてるような、風のないおだやかな気象状態でなければならない。安定させるための小型のフラップ(つばさ)がついた、ブームとよばれる長くてかたい伸縮式のパイプを、受油機についているバケツのような容器に差しこむ。また、受油機ががんじょうで短いプローブ(探針)を、給油機からのびた柔軟性のあるパイプの先にある、じょうごのような空中給油用のドローグ(円筒)に差し入れる方法もある。

27

アヴェンジャー級掃海艦

機雷とは、海にうかべる、または海底にしかける爆弾で、ほかの船が近づいたり、ふれたりすると爆発する。機雷はつくってしかけるのにコストがかからないうえ、寿命は数カ月、ときには数年間もある。アヴェンジャーのような掃海艦は海域をパトロールし、ソナー装置を使い機雷を探知して破かいする。

へえ、そうなんだ！
ソナー、すなわち音響測深システムが初めて使用されたのは1914年。タイタニック号の沈没という1912年の悲惨なできごとのあとだ。もしソナーがあったら、タイタニック号は氷山をさけることができたかもしれないんだ。

この先どうなるの？
イルカや一部のクジラはソナーの力を生まれつきもっていて、それで方向を判断する。イルカを軍に入隊させ、機雷を探知するよう訓練できる可能性もあるよ。将来は、それが実現するかもしれないね。

アメリカの14隻のアヴェンジャー級掃海艦はすべて、最初に建造された艦にちなんで名づけられている。全長68メートル、船幅（最大）は12メートルと比較的小さい。満載排水量（搭載できるものをすべて搭載した状態での排水量）は1300トン。

マスト 航空機やほかの船、場合によっては機雷を探知するためのレーダーのほかに、マストには無線およびマイクロ波通信用の数種類のアンテナ（空中線）がそなわっている。

艦体 主要な艦体構造は、カシ、モミ、ヒノキを中心とした材木でできていて、グラスファイバープラスチックの外板でおおわれている。金属を使わないのは、「磁気的こん跡」を少なくして、磁気に反応する機雷を爆発させないようにするためだ。

水中探さくの準備をととのえたソナーポッド

✻ 音でものを見る！？
通常掃海艦の艦体に装備されているアクティブソナーを使い、機雷などの水中の物体を探知することができる。音波のはね返りを分析して、コンピューターで画面に表示する。艦体には、発信機と受信機が間隔をあけていくつかついていて、ソナーアレイとよばれている。ある方向から反響するエコーは一番近くの受信機に最初に到達するので、より正確に探知できるんだ。または、自艦のエンジンやその他の雑音にじゃまされないように、船の後ろに長く線をのばして、ソナー装置を引っぱって行くこともできるんだ。

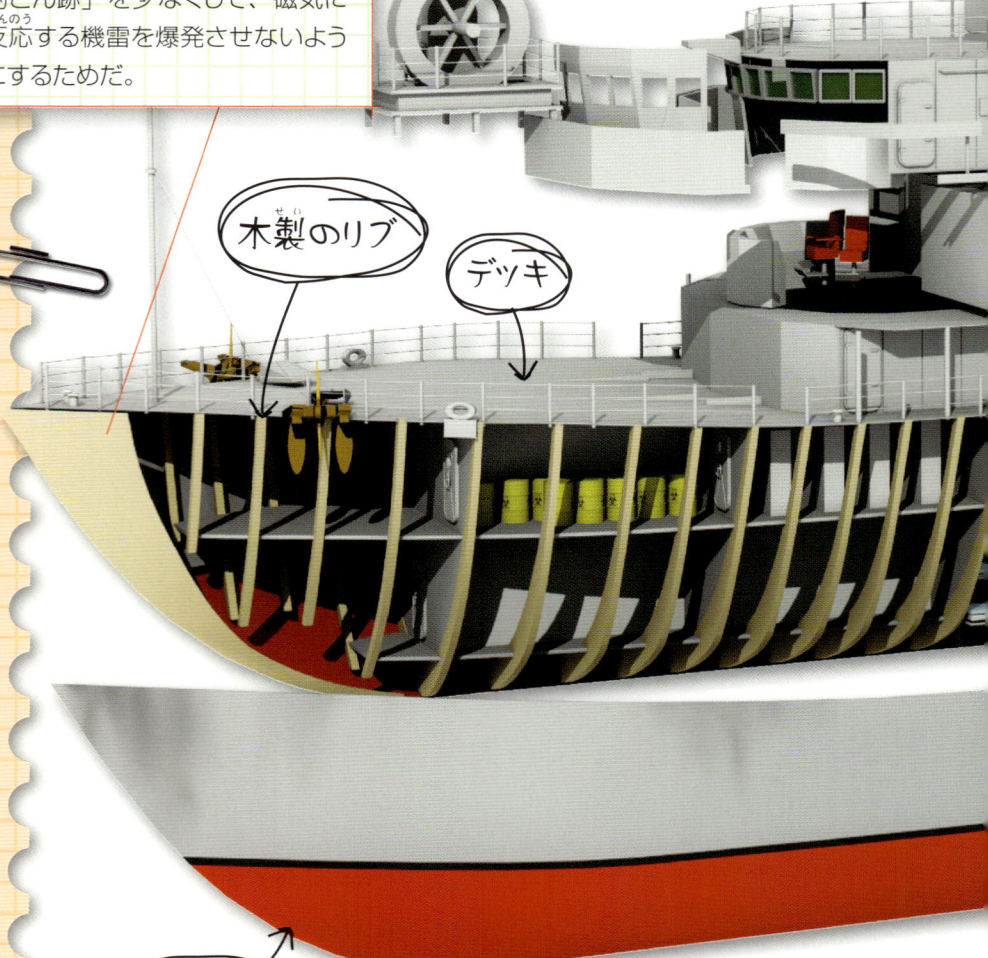
木製のリブ／デッキ／艦首

>>> 軍事マシーン <<<

ソナーの仕組み

ソナーは、音を利用したレーダーだ。アクティブソナーは、水中を遠くまでよく伝わるポーンというような音のパルスを発する。ハイドロフォンとよばれる、船につけた水中マイクが物体からはね返ってくる反響音を感知し、コンピューターがその物体の大きさ、距離、方向を分析する。対してパッシブソナーの場合は、クジラや敵の潜水艦などがだす水中の雑音をひたすら「聞き分ける」。

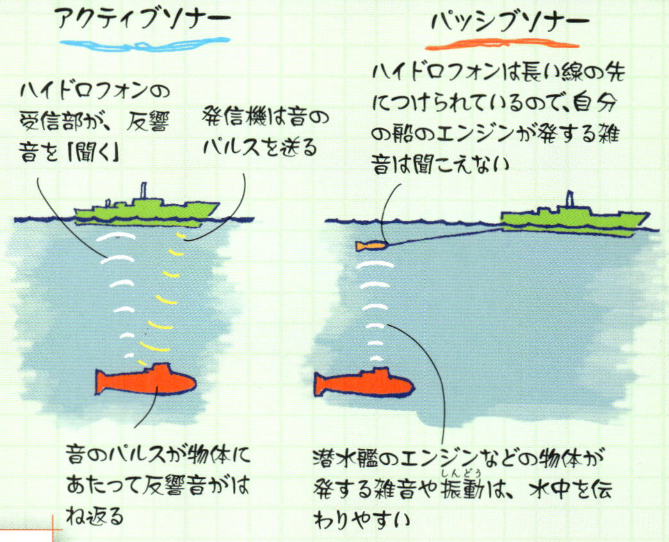

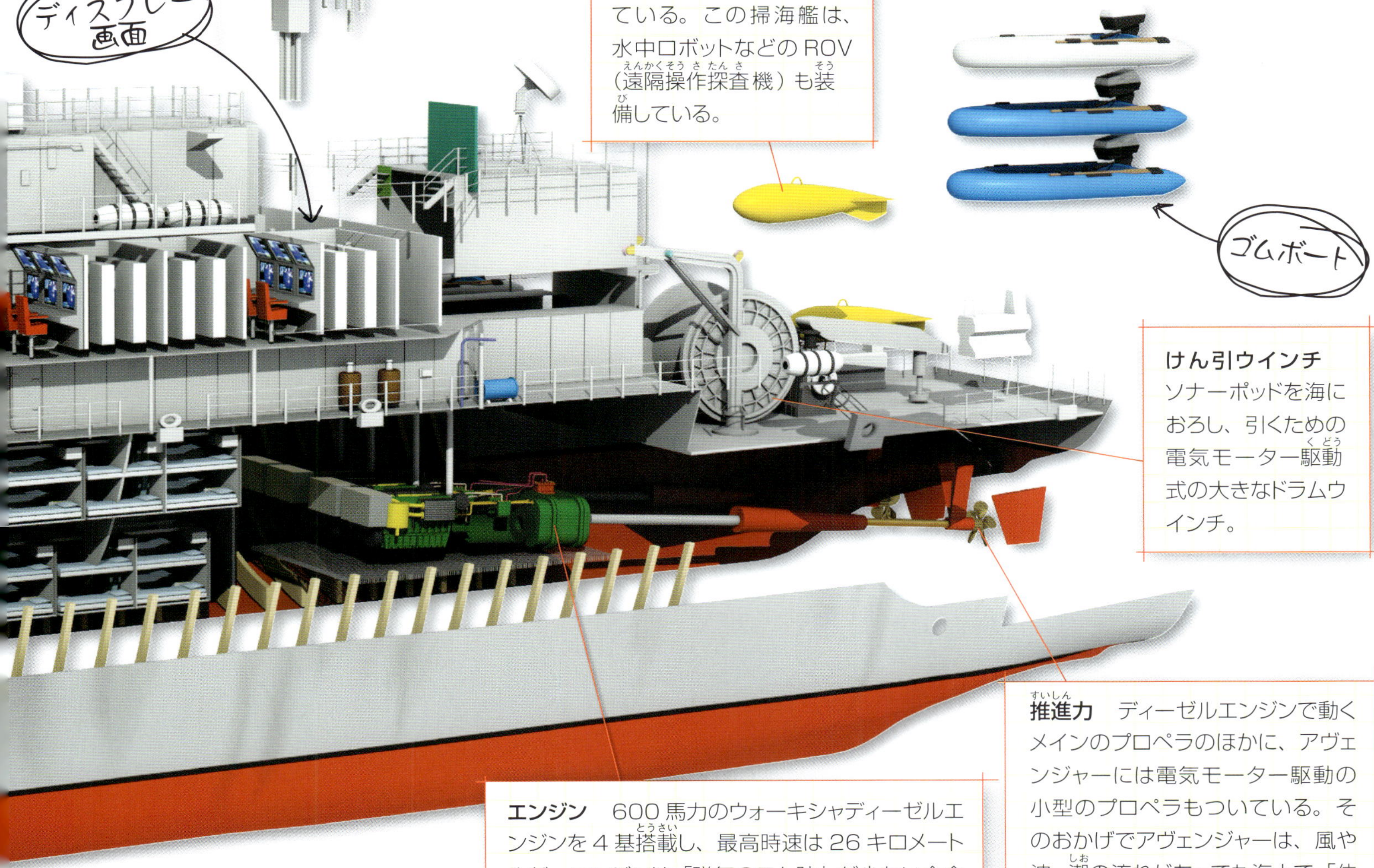

アクティブソナー

ハイドロフォンの受信部が、反響音を「聞く」
発信機は音のパルスを送る
音のパルスが物体にあたって反響音がはね返る

パッシブソナー
ハイドロフォンは長い線の先につけられているので、自分の船のエンジンが発する雑音は聞こえない
潜水艦のエンジンなどの物体が発する雑音や振動は、水中を伝わりやすい

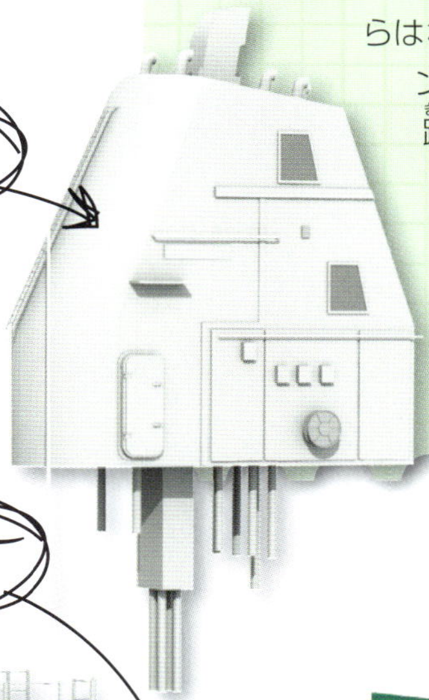

アヴェンジャーは、1983年に建造が始まり、進水は1985年、実際に任務につく指令をうけたのは1987年だった。

煙突

ディスプレー画面

ソナーポッド　それぞれの水中ポッドには、2基のソナーシステムがはいっている。この掃海艦は、水中ロボットなどのROV（遠隔操作探査機）も装備している。

ゴムボート

けん引ウインチ　ソナーポッドを海におろし、引くための電気モーター駆動式の大きなドラムウインチ。

エンジン　600馬力のウォーキシャディーゼルエンジンを4基搭載し、最高時速は26キロメートルだ。エンジンは「磁気のこん跡」が少ない合金を使って、特別に設計されている。

推進力　ディーゼルエンジンで動くメインのプロペラのほかに、アヴェンジャーには電気モーター駆動の小型のプロペラもついている。そのおかげでアヴェンジャーは、風や波、潮の流れがあっても海上で「位置を保持する」、つまり同じ場所にい続けることができるんだ。

29

45型駆逐艦

駆逐艦は、空母や輸送艦などの大型船を護衛する、中型で高速の操艦しやすい長距離用の軍艦だ。駆逐艦はこうした自分より大きな艦船を、敵の水上艦艇、潜水艦、航空機、ミサイルなどの攻撃から守る。イギリスの45型駆逐艦は、2006年に進水した同型の1番艦、HMSデアリングにちなんでD級ともよばれている。

へえ、そうなんだ！

装甲艦が登場するまで、軍艦はすべて木でできていたんだ。最初の装甲艦はフランスのラ・グロワール（1859年）で、木の艦体を金属板でおおっていた。

この先どうなるの？

F-22ラプターなどのステルス機と同じ技術が、船にも用いられるようになっている。レーダーの電波の反射をへらす形と材料を使うんだ。

レーダー

エンジン 2基のロールス・ロイスWR21ガスタービンは、プロペラではなく発電機の動力をまかなう。

ドライブシャフト エンジンは、巨大な2つの電気モーターのための電力を発生させる。そのモーターが、端にプロペラがついたドライブシャフトを回転させる。

HMSデアリングの進水は2006年。海上で試験航行して、実際に任務についたのは2009年だった。

ヘリパッド

後方デッキ

隔壁

外殻

上部構造 すっきりとした輪かくには、対レーダー塗装をほどこしたなめらかな外板が使われている。直角やとがった構造物がほとんどないなど、さまざまなステルス性（22ページも見てみよう）をそなえている。それによって、レーダーに探知される危険をへらしている。

✻ ガスタービンの仕組み

ガスタービンは、23ページのターボジェットエンジンに似ている。ただし、推進力は高温ガスを排出する噴流ではなく、エンジン中心にあるインナーシャフトが圧縮タービンによって回転することで得られる。何段階ものギアで回転数を下げ、船のプロペラを大きな力で回転させる。

排気タービンと吸気タービンは、筒状のアウターシャフトでつながっている

吸気タービン

排気タービン

排気ガスを外にみちびく

吸気口

圧縮タービン

圧縮タービンが、ギアボックスとプロペラに接続しているインナーシャフトを回転させる

HMSデアリングは、1949年に進水した同じ名前の駆逐艦と、イギリス王室海軍歴代の5隻の「デアリング」に敬意をあらわして名づけられた。

>>> 軍事マシーン <<<

煙突 煙突には、ガスタービンからの高温の排気を冷やすシステムがいくつかある。そのシステムによって、艦の「赤外線のサイン」をへらして、熱センサーや赤外線検出装置を使う敵に自分の位置を知られないようにする。

レーダー

ブリッジ

平面図と正面図

45型は大きな艦だ。全長152メートル、全幅21.2メートル、長距離の航海をするときの満載排水量は7350トン。

兵器 前部の機関砲は4.5インチマーク8艦砲（口径4.5インチ、約113ミリメートル）だが、主要な兵器は各種のミサイルだ。

いかり

45型は3つの造船所（グラスゴーに2カ所とポーツマスに1カ所）で別々につくられ、グラスゴーで最終的に組み立てられた。

救命ボート 救命ボートでさえ、すぐにとり外しができるパネルの後ろにかくしている。レーダーの電波が、特徴的なパターンではね返らないようにするためだ。

標準的な45型の乗員は190名で、必要なときはさらに40名増員するスペースがあるんだ。

✳ 船をつくる

船の多くは陸上で建造される。海岸でつくられて、斜面または造船台をすべらせて進水させる場合もある。もうひとつの方法は乾ドック。水門をぴったりと閉じて、ポンプや排水管で内側の水をぬいてからっぽにするんだ。進水させるときは、すきまやパイプから水がはいるようにして、ドックに水を満たしてから門をあける。船は、修理や改装のために乾ドックにはいることもあるんだよ。

造船台にあるのは、完成間近の最新型駆逐艦

31

212A型潜水艦

原子炉は、ジェット、ディーゼル、ガソリンのエンジンとはちがって、燃料を燃やすのに空気を必要としない。だから原子力潜水艦は数週間、または数カ月も水中にもぐって航行することができる。ドイツの212A型潜水艦は原子力潜水艦ではなく、ディーゼルエンジンを搭載している。けれども2つ目の動力源の燃料電池を使って、数週間ももぐって進むことができるんだ。

へえ、そうなんだ！
潜水艦の主な武器は魚雷、すなわち自走式（それ自体の動力で動く）爆弾のような水中ミサイルだ。魚雷の試験が開始されたのは1860年代のこと。高圧シリンダーからでる圧縮ガスの噴流を動力とするものや、手でまくぜんまい式のモーターがついているものもあったんだ！

この先どうなるの？
潜水艦は、気づかれずにこっそりと移動することができる。でも、他のページで説明したように、ソナーは別だ。自動のソナーアレイをはりめぐらせて、港、海軍施設、その他の重要な基地のまわりに「音をキャッチするかべ」をつくることができるかもしれないよ。

212A型は3週間水中にいることができる。「スノーケル」で息つぎをするために水面近くまで浮上すれば、12週間までその期間はのびる。

212A型は、ほかの多くの潜水艦の場合よりも深い、700メートルの深さでテストされているんだ。

セイル セイル（フィン）は、ゆるやかになめらかにカーブして、艦体につながっている。その形によって潜水艦のソナーへの反応をへらす。

ハッチ 潜水艦のハッチ（ドア）は、水中ではいつも閉まっている。ダイバーが外にでるためには、艦体側のハッチドアからハッチ室にはいる。艦体側のドアがしっかりと閉まると、ハッチ室は水で満たされ、外側のドアが開く。

✳ 水平舵の仕組み
潜水艦の操艦は、航空機の操縦と似ている。艦を左または右に（ヨー）動かすためには、垂直の操縦舵面、つまり縦舵を反対側にかたむける。縦舵を水の流れにさからうように押すと、逆の方向に押し返される。水上を走る船と同じだ。上下に動かす（ピッチ）には、水平の操縦舵面、すなわち潜舵を使う。

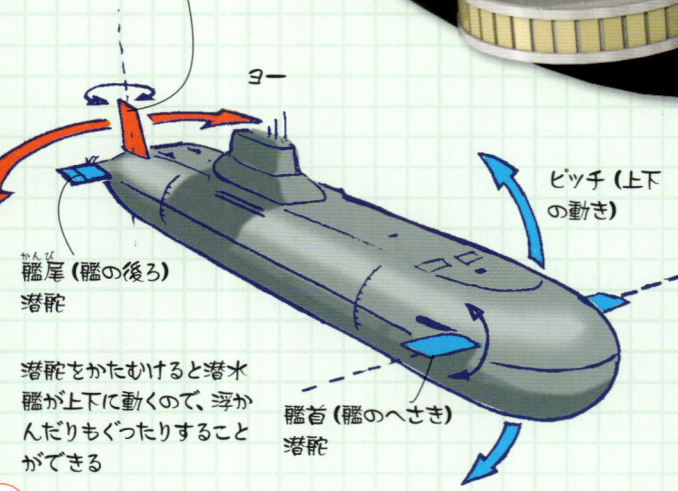

縦舵を左（右）に動かすと、潜水艦の後方部が右（左）に押されて舵をとる

潜舵をかたむけると潜水艦が上下に動くので、浮かんだりもぐったりすることができる

艦尾（艦の後ろ）潜舵
艦首（艦のへさき）潜舵
ヨー
ピッチ（上下の動き）

オープンハッチ

浴室

魚雷 3本ずつ2組に分かれた6本の魚雷発射管と、12発の魚雷を搭載している。最新型DM2A4魚雷は長さ6.6メートルで、動力は電気モーターとバッテリー。射程距離は50キロメートルだ。

212A型は、燃料を補給せずに670キロメートル以上進むことができるんだ。最高水中速度は、時速37キロメートルだ。

>>> 軍事マシーン <<<

潜水準備完了！

艦船の制御部は通常ブリッジとよばれている。水上艦の場合、制御部には全景が見えるように大きな窓がついている。水中にいる潜水艦は、すでに説明したようなソナーや、近くの船の金属部分に反応する磁気検出器などのその他のセンサーを使い、まわりの状況を「見る」。水面のすぐ下にいる場合、乗員はのびちぢみする潜望鏡を、その先がちょうど水面上にでるようにのばすことができる。そうすると周囲全体、360度見わたすことができるんだ。

潜望鏡 潜水艦のスライド式潜望鏡によって、海上のようすを観察できる。

潜水艦のブリッジで、艦と乗員のようすを注意深く見守る艦長

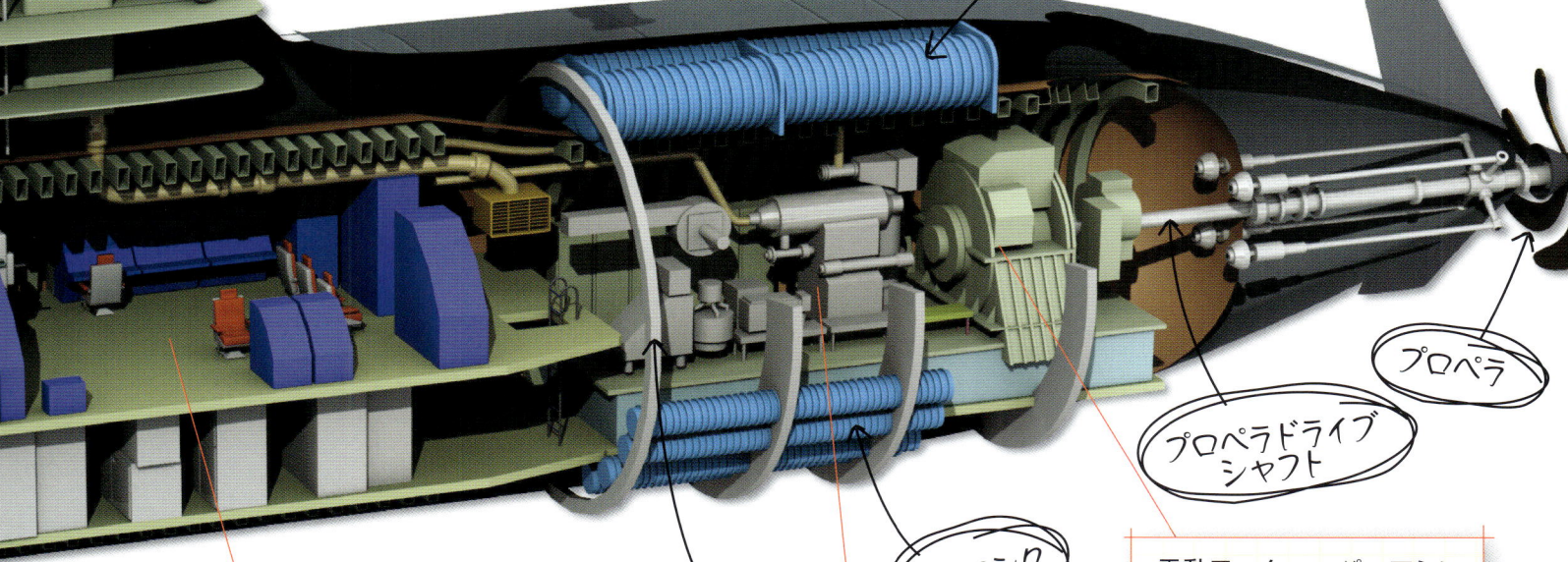

給油筒

酸素タンク

プロペラ

プロペラドライブシャフト

水素タンク

隔壁

制御室 潜水艦の中枢部。ナビゲーション装置、ソナー装置、通信装置をそなえている。航行の深さ、方向、速度、武器の制御もおこなう。

燃料電池とディーゼル発電機 9個の小型の燃料電池、または2個の大きな燃料電池が、ディーゼルエンジンのすぐ前についている。燃料電池は、酸素と水素を反応させて水と電流を発生させる。

電動モーター パーマシン1.7-MW（170万ワット）の電動推進モーターは、燃料電池またはディーゼル発電機による電力を切りかえて使うことができる。

212A型は全長56メートル、全幅7メートル。水上排水量は1450トンだ。

212A型の1番艦U-31は2002年に進水し、2005年に任務についた。静かな電気モーターで航行するため、パッシブソナーで探知することがとてもむずかしいんだ。

33

ニミッツ級超大型空母

戦争のために設計された、海にうかぶ自己動力型の"都市"、超大型空母は世界最大の動く軍事基地だ。それら巨大艦の動力は原子力。スーツケースよりも小さいウラン燃料のペレット（固形燃料を小さく加工したもの）を使うんだ。もしもディーゼルまたはガスタービンエンジン用の液体燃料を運ばなければならないとしたら、空母の中にとてつもなく広いスペースが必要になり、海上で活動する時間もひどく制限されてしまうだろう。

へえ、そうなんだ！

世界初の原子力船は空母ではなく、1955年に進水したアメリカの潜水艦ノーチラス号だった。その次が1957年に進水したロシアの砕氷艦、レーニン号だ。その翌年、ノーチラス号は北極の氷のかたまりの下を潜航して北極点に到達した。

この先どうなるの？

ニミッツのあとをつぐのは、ジェラルド・R・フォード級空母だ。大きさはニミッツと同じくらいだが、最新鋭の原子炉と電子機器を装備している。2007年につくりはじめられ、1番艦は2015年頃までには任務につく予定だ。

アイランドの位置が空母のデッキの右にあるのは、プロペラ機が使われていたころのなごりだ。プロペラの回転方向から、プロペラ機は右よりも左に旋回方向をとることが多かったんだ。

レーダー

アイランド ブリッジやその他の主要な制御室があるところ。航空機がぶつからないよう、見はり員が自分の目やレーダーで、つねに見はっている。

原子炉と推進力 2基のA4W原子炉は、放射能もれをふせぐための厚い金属でしっかりとおおわれ、かくされている。原子炉は水を沸とうさせて発生した蒸気で、プロペラを回転させる4つの蒸気タービンを動かす。

プロペラ

戦闘機は、空母のデッキ上のワイヤーをキャッチする。

＊ 全部つながっている！

航空機は、空母を飛びたつときにとてもすばやく加速しなければならない。そして空母におりるときはそれと同じくらいすみやかに減速しなければならない。通常、着艦準備にはいると航空機は、テールフック（アレスターフック）とよばれるU字型の爪が先についた長い棒をテールの下からおろす。タッチダウン（着艦）のとき、このフックがデッキ上に左右にはられた数本のスチールケーブル（ワイヤー）のうちの1本をひっかける。ケーブルが引っぱられるのにしたがってより大きな制動力（動いているものを止める力）がかかり、航空機はスピードをおとして止まる。だから航空機はすばやく、けれども大きな衝撃をあたえずに停止できるんだ。

総重量10万トンをこえるニミッツ級空母は、世界最大の軍艦だ。けれども2008年に進水したクルーズ客船、オアシス・オブ・ザ・シーズは、22万5000トンもあるんだ。

34

>>> 軍事マシーン <<<

空母ニミッツは、第2次世界大戦のアメリカの太平洋艦隊司令官、チェスター・ニミッツ海軍元帥にちなんで名づけられたんだ。

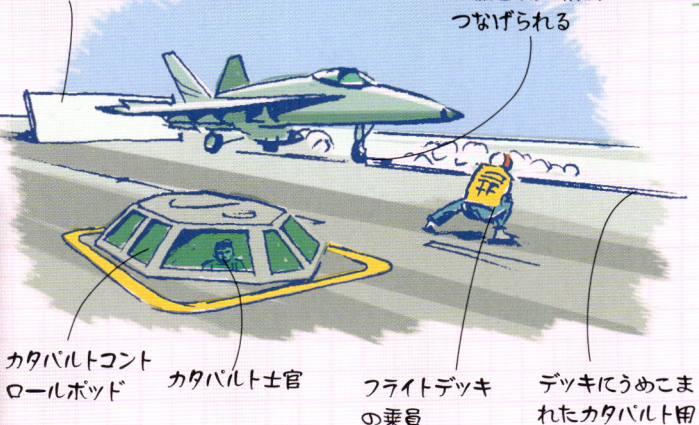

ジェットブラストディフレクター（他の航空機などを航空機のジェット排気から守るための壁）

飛びたつ準備をととのえたF-18ホーネット戦闘機

カタパルトのシャトルが航空機の前脚につなげられる

カタパルトコントロールポッド

カタパルト士官

フライトデッキの乗員

デッキにうめこまれたカタパルト用のレール

蒸気カタパルトの仕組み

超大型空母はその大きさにもかかわらず、航空機が飛びたつためのデッキは比較的短い。そこで、デッキの下にかくされた蒸気駆動のカタパルトシステムで、飛びたつために滑走を始める航空機の速度を上げる。弾丸のような形をしたシャトルを、デッキにうめこまれた空洞状の長いレールですべらせて、航空機前輪についているクイックリリース装置につなぐ。空母のボイラーからパイプを通っておくられる高圧蒸気の噴流がカタパルトのシリンダーを押すとシャトルが引っぱられ、航空機自体のエンジンの推力に引きつぐまで航空機の速度を上げる。

アングルドフライトデッキ
フライトデッキの全長は、330メートルをこえる。そのほかアングルドサイドデッキも使うと、数秒の間に航空機の離艦と着艦をおこなうことができる。

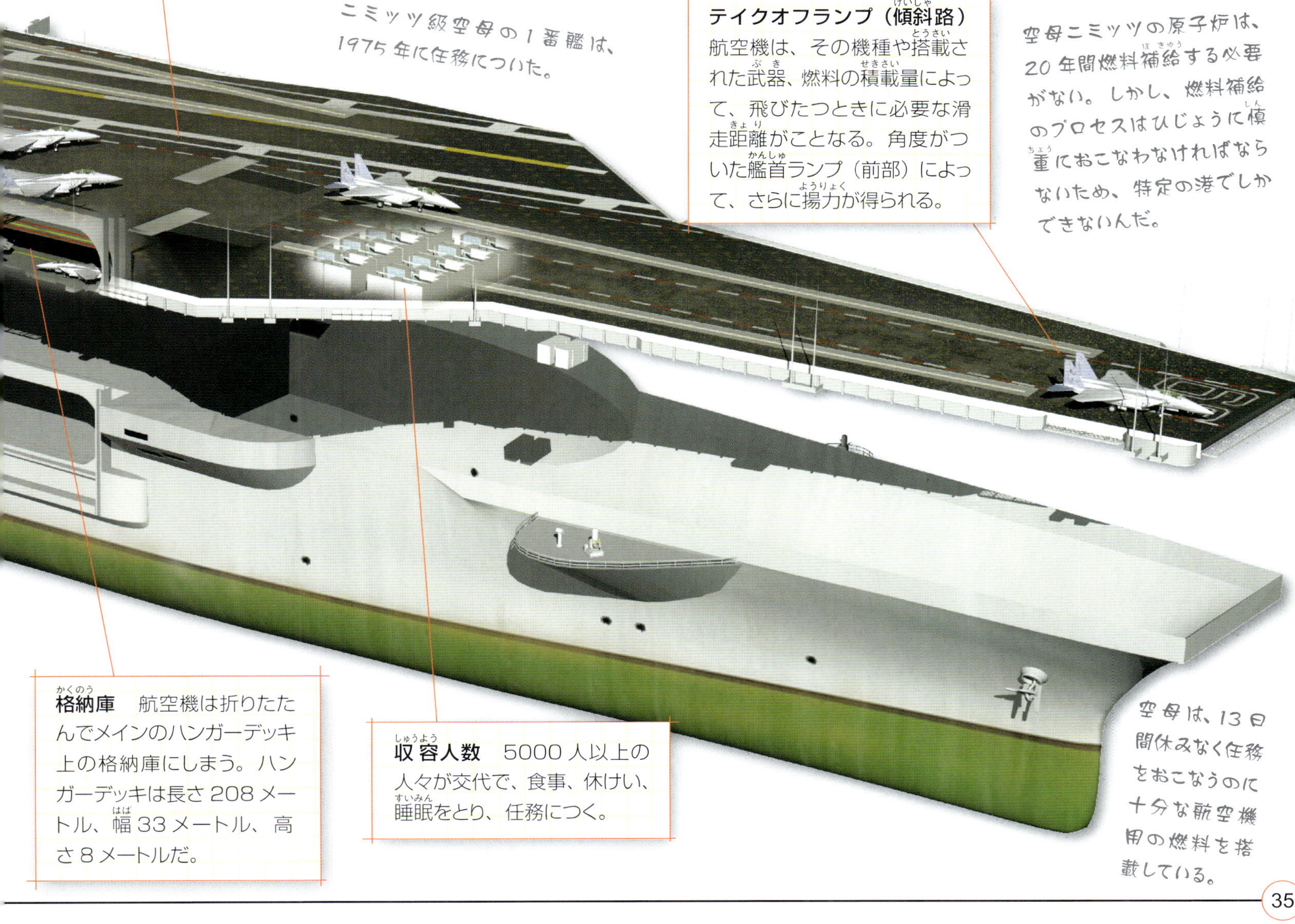

ニミッツ級空母の1番艦は、1975年に任務についた。

テイクオフランプ（傾斜路）
航空機は、その機種や搭載された武器、燃料の積載量によって、飛びたつときに必要な滑走距離がことなる。角度がついた艦首ランプ（前部）によって、さらに揚力が得られる。

空母ニミッツの原子炉は、20年間燃料補給する必要がない。しかし、燃料補給のプロセスはひじょうに慎重におこなわなければならないため、特定の港でしかできないんだ。

格納庫 航空機は折りたたんでメインのハンガーデッキ上の格納庫にしまう。ハンガーデッキは長さ208メートル、幅33メートル、高さ8メートルだ。

収容人数 5000人以上の人々が交代で、食事、休けい、睡眠をとり、任務につく。

空母は、13日間休みなく任務をおこなうのに十分な航空機用の燃料を搭載している。

35

用語解説

アンテナ
無線、マイクロ波などの電波や光線の送信や受信をおこなう通信システムの一部。ほとんどのアンテナ（空中線ともいう）は、細長いはり金やむちのような形か、おわんのような形をしている。

衛星ナビゲーション
宇宙にあるGPS（全地球測位システム）衛星からの電波を使って、位置を特定して進路を決めるためのシステム。

カートリッジ
銃砲に装てんする実包。弾丸または砲弾、薬きょう、主火薬、雷管からなる。

隔壁
船体や飛行機の機体などの構造物の幅全体にもうけられた、垂直のかべ、または仕切り。かべの前後のスペースを完全に隔てるためのもの。

艦首・機首
船体・機体（本体）の先の部分。

ギア
歯車、また、歯車を組み合わせた装置。2つの歯車の歯をかみ合わせ、一方の歯車を回転させると、もう一方も回転する。2つの歯車を輪になったチェーンや、歯に合うよう穴をあけたベルトでつないだ場合には、スプロケットとよばれる。ギアは、たとえばエンジンと車輪の間で、回転の速度や力を変えるのに使われる。また、回転の方向を変えるときも用いられる。

魚雷
推進力をもち、爆発する兵器。通常は船、ボート、潜水艦などを攻撃するために水面または水中で発射される。

機雷・地雷
「水中爆弾」、つまり水中で爆発する兵器のこと。ほかの物体がふれたり、近づいたりすると爆発する。地中にうめられているものを地雷という。

合金
2つ以上の金属、または金属とほかの物質をまぜ合わせたもの。強くする、もっと軽くする、高い温度にたえられるようにするなど、特別の目的のために使われる。

口径
銃身などの円筒状のものの内径。

航続距離
航空機が、1回分の燃料で飛び続けられる距離。

サスペンション
乗りものがでこぼこの道を走って車輪が上下に動いても、それが乗っている人に伝わらないようにする装置。乗り心地をよくする、ほかの似たようなシステムもサスペンションという。

GPS
全地球測位システムの英語の略語で、地球のまわりの宇宙を飛んでいる20以上の衛星を使ったネットワークのこと。衛星はその位置と時刻をしめす電波信号を送り、人々はGPS受信機すなわち「衛星ナビ」を使い、今どこにいるのかを知ることができる。

ジャイロスコープ
運動エネルギーによって、動かされてもかたむけられても姿勢をたもつ装置。高速回転するボール、または車輪などからなるのが一般的。

銃口・砲口
銃や同種の武器の開口部。弾丸その他の弾薬が出るところ。

銃身・砲身
長い円筒形をした、銃や砲などの武器の主要部分。銃（砲）尾から銃（砲）口の先（開口端）までをさす。

銃尾・砲尾
銃や砲などの武器の後ろの部分。銃口の反対側。銃弾・砲弾などを装てんするところ。

シリンダー
エンジンや機械などの一部分。円筒状で、中にぴったりとおさまったピストンが往復運動をする。

進水
新しくつくった船を、陸上にある造船台から

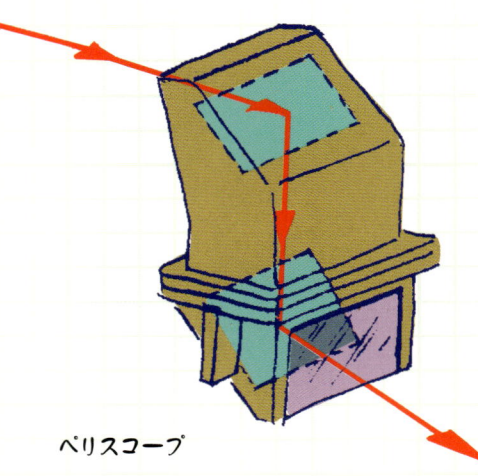
ペリスコープ

ティルトローター

>>> 軍事マシーン <<<

水面にうかべること。

水平尾翼
ほとんどの航空機と一部のヘリコプター後部についている、2つの小さなつばさ。水平安定板ともいう。昇降舵をそなえ、ふつうは「テール」すなわち垂直尾翼の近くにある。

ステルス技術
航空機、艦船、その他の物体を設計する技術のひとつ。目視、音、熱センサー、またはレーダー装置によって探知されにくくする。

赤外線
光線または電波と同じく、エネルギーのひとつの形。光に似ているが、光よりも波長が長く、ものをあたためる効果がある。

タービン
回転軸に、扇風機の羽根のように角度のついた一連のブレードがついた機械。ポンプ、車、ジェットエンジンなど、工学技術のさまざまな分野で使用されている。

ターボシャフト
中にタービンのあるジェットエンジン。ガスのジェット噴射を推進力として使うのではなく、噴射の力で軸を回転させて動力をほかに伝える。

ターボファン
ジェットエンジンの一種。扇風機のような形をしたタービンブレードを中に搭載する。とても大きなファンが前方についていて、プロペラとしても機能する。

弾丸
短い棒状で、固体金属またはプラスチックでできているものが多い。先がとがっていて、銃または同様の武器から発射される。

排水量
船を水にうかべた時、押しのけられる水の重さ。それは船の重量に等しいので、船の重量表示に用いられる。

ピストン
太い、棒状の部品で、缶に似た形をしている。シリンダーとよばれる容器にぴったりとはめこまれ、その中で動いたり、上下運動したりする。

ブーム
クレーンやそれと同様の機械の、長くて細いアームのような部分。通常、上下、左右に動かすことができて、中には伸縮できるものもある。

ブリッジ
大型船の指令室。舵をあやつる舵輪、エンジンの出力をコントロールするスロットル、計器など、大切な機器がある。

ベアリング
まさつやまもうをへらすのに効果的な動きのために設計された部品。たとえば回転軸とそのフレームの間などに使われる。

方向舵・縦舵
航空機または艦船の操縦舵面のこと。多くの場合、航空機の「テール」すなわち垂直尾翼か、船の船体後部の下にあり、航空機や船の左右(ヨー)の舵とりをする。

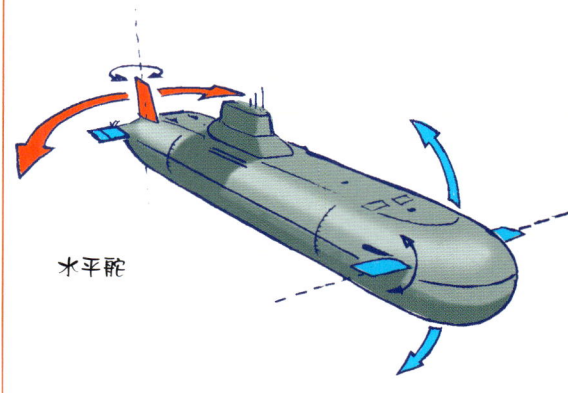

水平舵

放射能
放射線として知られる、特定の種類の電磁波や粒子線を発する性質のこと。人間やほかの生物に害をおよぼすおそれがある。

砲弾
火砲から発射される、弾丸の形をした物体。標的にあたると爆発する爆薬がはいっているものが多い。

雷管
銃などの部品で、少しの火薬をつめた入れもの。火花や衝撃で火薬が発火する。それにより主火薬が爆発し、弾丸または砲弾が発射される。

リブ
金属板の強度を増すために、船や航空機の内側に取りつける材料。

レーザー
高いエネルギーをもつ特別な光。すべての光は波長が同じで、まじりけのないただ1色の光になる。ふつうの光のように広がることなく、平行に進む。

レーダー
電波を送って飛行機や船などにあて、反射してもどってくる電波をとらえて、その位置を測定する装置。

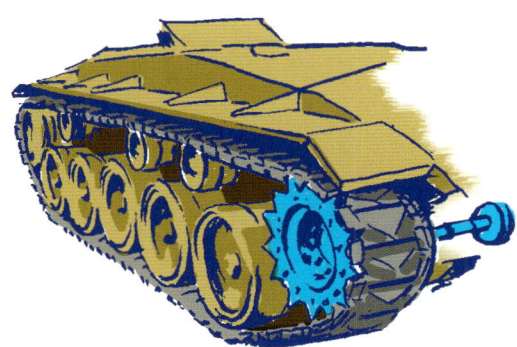

キャタピラー(無限軌道)

● 著者
スティーブ・パーカー
科学や自然史の書籍を数多く執筆・監修しており、その数は 200 冊をこえる。
動物学理学士の学位取得。ロンドン動物学会のシニア科学会員。

● イラストレーター
アレックス・パン
350 冊以上の書籍でイラストを描いている。高度なテクニカル・アートを専門とし、各種の 3 D ソフトを使って細部まで描き込み、写真のように精密なイラストを作りあげている。

● 訳者
安藤貴子
（あんどうたかこ）
（翻訳協力：トランネット）

最先端ビジュアル百科　「モノ」の仕組み図鑑 ❾
軍事マシーン

2011 年 2 月 25 日　初版 1 刷発行

著者 / スティーブ・パーカー　　訳者 / 安藤貴子

発行者　荒井秀夫
発行所　株式会社ゆまに書房
　　　　東京都千代田区内神田 2-7-6
　　　　郵便番号　101-0047
　　　　電話　03-5296-0491　（代表）

印刷・製本　株式会社シナノ
デザイン　高嶋良枝
©Miles Kelly Publishing Ltd　Printed in Japan
ISBN978-4-8433-3525-3 C8650

落丁・乱丁本はお取替えします。
定価はカバーに表示してあります。